高等学校电子信息类系列教材

数据库技术与应用

（基于达梦数据库）

主　编　张晓丰
副主编　车　敏　李正欣
参　编　田　舢　祝　娜　张守帅　苗青林

西安电子科技大学出版社

内 容 简 介

本书以国产的达梦数据库为对象，按照建立总体概念—掌握基本对象的使用—实现业务逻辑的思路，由浅入深地介绍了数据库系统的基础知识、设计方法以及应用技术。全书共10章，分别是认识数据库、数据库安装与管理、数据表与视图、数据维护、数据查询、SQL程序设计基础、实现业务逻辑、数据完整性、数据安全管理、数据库应用程序开发。第1、2章介绍数据库及其相关的基本概念；第3～6章介绍数据库常用对象的使用与管理；第7～10 章介绍数据库处理逻辑的实现与数据库应用系统的构建。本书内容涵盖了数据库技术的主要领域，侧重于基本概念与基本语法的介绍，安排了众多实例，以加强读者对内容的理解。

本书可作为信息管理与信息系统及其相关专业本科生的教材，也可作为数据库管理与维护人员的学习资料。

图书在版编目(CIP)数据

数据库技术与应用 / 张晓丰主编. —西安：西安电子科技大学出版社，2022.5(2023.4 重印)
ISBN 978-7-5606-6439-2

Ⅰ. ①数… Ⅱ. ①张… Ⅲ. ①数据库系统—高等学校—教材 Ⅳ. ① TP311.13

中国版本图书馆 CIP 数据核字(2022)第 049439 号

策　　划　李惠萍
责任编辑　李惠萍
出版发行　西安电子科技大学出版社(西安市太白南路 2 号)
电　　话　(029)88202421　88201467　　　邮　　编　710071
网　　址　www.xduph.com　　　　电子邮箱　xdupfxb001@163.com
经　　销　新华书店
印刷单位　陕西博文印务有限责任公司
版　　次　2022 年 5 月第 1 版　2023 年 4 月第 2 次印刷
开　　本　787 毫米×1092 毫米　1/16　印张 13.5
字　　数　316 千字
印　　数　1001～2000 册
定　　价　34.00 元
ISBN 978-7-5606-6439-2 / TP
XDUP 6741001-2
*****如有印装问题可调换*****

前　言

达梦数据库管理系统是武汉达梦数据库股份有限公司开发的具有自主知识产权的产品，经过多年的不断完善，获得了国家自主原创产品认证，在多个领域得到了广泛应用，成为国产化工程应用中的主要数据库之一。

本书以达梦数据库管理系统为平台，由浅入深地介绍学习数据库课程必须理解的数据库系统知识以及相关技术。本书由认识与安装数据库、使用与管理数据库对象、实现业务逻辑三大部分组成，分为10章，具体内容如下：

第1章认识数据库，介绍数据库系统的诞生、发展、功能、特点、组成、体系结构以及达梦数据库的相关知识。

第2章数据库安装与管理，介绍达梦数据库的版本、安装过程、客户端工具、实例管理以及基础操作。

第3章数据表与视图，介绍数据表的创建、修改和删除，视图的定义、查询、更新和删除，以及物化视图的相关知识。

第4章数据维护，介绍数据插入、数据修改和数据删除操作的过程与语法，以及数据导入/导出操作过程。

第5章数据查询，介绍SQL语言中的核心知识——数据查询，主要包括单表表询、连接查询、嵌套查询、集合查询和基于派生表的查询等。

第6章SQL程序设计基础，介绍DM SQL程序设计的基本要素：数据类型、变量、表达式以及流程控制等。

第7章实现业务逻辑，主要介绍实现复杂业务逻辑时通常涉及的存储过程、函数、存储函数、触发器、游标以及事务的概念和基本语法。

第8章数据完整性，主要介绍实体完整性、参照完整性和用户自定义完整性及约束的相关知识。

第9章数据安全管理，介绍数据访问控制、数据库审计、数据加密、数据库备份与还原。

第10章数据库应用程序开发，介绍Java Web数据库应用程序的基本架构和开发过程，并给出了一个具有数据修改与查询功能的实例。

附录给出了本书实例涉及的表对应的SQL语句、DM8常用数据字典、动态性能视图。

本书注重基本概念的讲解，抓住数据库对象的基本特征，尽量用实例加以说明；在介绍中不求面面俱到，以避免语法手册般烦冗；注重知识和技能的有机结合，力争做到基础知识的讲解与实践指导融为一体，尽量兼顾讲授式教学、实操化教学与自学等不同使用场景的需要。

张晓丰担任本书主编，车敏、李正欣担任副主编，田舢、祝娜、张守帅、苗青林参与编写。具体分工如下：第1章、第2章及第10章部分内容由张晓丰编写，第4章、第8章及第9章部分内容由车敏编写，第3章、第5章由李正欣编写，第6章和第7章部分内容由田舢编写，第7章部分内容、第10章部分内容由苗青林编写，第9章部分内容、第10章部分内容、附录等由祝娜、张守帅编写。全书由张晓丰统稿。陈继成、谢鹏参加了部分内容的编写工作。

本书以达梦数据库为对象进行介绍，但大部分概念也适用于其他关系型数据库。

本书在编写过程中得到了武汉达梦数据库股份有限公司工作人员及刘志红等人的帮助，在此表示衷心的感谢！本书的出版得到了西安电子科技大学出版社的大力支持，在此一并致以真挚的谢意！

由于编者水平有限，书中难免存有不足之处，恳请读者批评指正。编者电子信箱：zhxfzhxf1@sina.com。

编　者

2022年2月

目　录

第 1 章　认识数据库

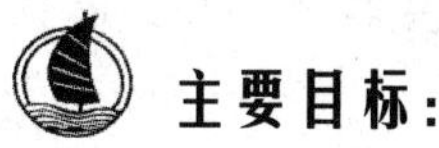

主要目标：

- 理解数据、信息等的概念。
- 理解人工管理、文件系统管理、数据库管理等阶段数据管理的特点。
- 理解数据库系统、数据库管理系统的概念。
- 了解达梦数据库的基本特点。

石油是工业时代的“血液”，离开了石油，社会就会因失去主要能源而无法正常运转。而数据则被称为信息时代的“石油”，即数据是信息时代的“血液”，这足以体现数据对现代社会的重要意义。有了数据，自然就需要对数据进行管理。本章主要介绍数据、数据库及其相关概念，并介绍达梦数据库。

1.1　数据与信息

大多数人对数据并不陌生，每个人每天都要面对大量数据。比如，要驾车去往某地时，通常要打开地图软件查看道路交通状况，以便选择合理的路线。如果目的地远，需要乘坐火车或高铁，就用订票软件查询余票情况，根据时间、价格等确定车次、座位席别；如果火车票售罄，又需要使用软件查询机票或者客车车票情况，以选择合理的交通方式和班/车次。在这个过程中，数据是影响决策的关键：目的地的远近，是决定自驾还是乘坐公共交通工具的关键；在选择乘坐公共交通工具的情况下，公共交通方式的费用、舒适度以及需要花费在路上的时间等，是选择公共交通方式的关键。除了出行，在网上购物、订外卖等活动中，数据也是影响决策的基础。可以说，不论是否意识到，很多人都在进行着“基于数据的决策”，而且随着通信网络的升级、终端应用的完善，数据会越来越广泛和深刻地影响到社会中的个体。对于一个组织而言，其涉及的要素更多，范围更广，组织的运行更离不开数据。

近年来，人们常把信息与物质、能量相提并论。哈佛大学信息政策研究中心主任安瑟尼·G. 欧廷格教授提出了“三基元理论”。这种理论认为：物质、能量与信息是现实世界的三种最基本的元素。没有物质的世界，是虚无的世界；没有能量的世界，是死寂的世界；没有信息的世界，是混乱的世界。可以设想，离开了信息，网上购物、订外卖无法实现，交通因为控制系统无法工作而陷入瘫痪，社会无法运转，陷入一片混乱。数据是信息的载体，离开了数据，也就没有了信息，由此也可以看出数据的重要性。

通常，数据被定义为“描述客观事物属性、状态及其运动规律，或者事物之间联系的符号或者符号的组合”，或者“描述事物的符号记录”。

比如，天气预报“北风、1 级”，描述了预报对象未来某一时间风的方向与速度，而且是用文字和数字描述的。其实，“北风、1 级”也可以用符号“「”来表示，短横线表示风力 1 级，短横线在正上方，表示风来自北方。大部分人在没有查询相关资料时，通常是无法解读这种符号的含义的。但“「”仍然是数据，因为它是“描述事物的符号记录”(对于这个例子而言，描述的是风向、风速)。因此，数据含义的解读依赖于接收者的知识储备和能力等。

“信息”是与数据密切相关的一个概念，具有多个定义。

信息论创始人香农(Shannon)认为“信息是用来消除随机不确定性的东西”。

控制论创始人维纳(Norbert Wiener)认为“信息是人们在适应外部世界，并使这种适应反作用于外部世界的过程中，同外部世界进行互相交换的内容和名称”。

相比于数据，可以将信息定义为“接收者所理解的、对其决策或行为产生(潜在)影响的数据”。该定义中强调了信息对决策或行为的影响。

数据与信息是载体与内容的关系。信息一定是数据，而且能够被接收者理解。决策是需要信息的，而信息又以数据为载体，因此决策必定需要数据。

1.2　数据的管理

有了数据，就需要对数据进行管理。在计算机出现之前，人们通常利用纸张来记录数据，用算盘、计算尺等计算工具来进行计算。数字计算机出现以后，计算机由于具有强大的计算能力，并且存储能力也迅速提高，因此被越来越多地用来进行数据管理。利用计算机进行数据管理经历了三个阶段：人工管理阶段、文件系统管理阶段和数据库管理阶段。这三个不同阶段对应于不同的计算机硬件和软件条件，有着不同的管理效果。

1.2.1　人工管理阶段

计算机出现之初，主要用于科学计算领域。当时的计算机数量极少，在软件方面，计算机上没有操作系统，更没有管理数据的专门软件。早期编写程序的人员需要考虑数据存取、处理的所有细节，对程序设计的技术要求很高，而具备程序设计能力的人员很少，编程效率很低。程序和数据的输入通常通过穿孔纸带进行。

穿孔纸带(如图 1-1 所示)是二进制程序的输入/输出介质。某一位有孔或无孔，可以表达二进制的两种取值。具体来讲，纸带上某个位置有孔时表示 1；无孔时表示 0。根据穿孔纸带上一排孔有无状态的不同，可以得到不同的信息。

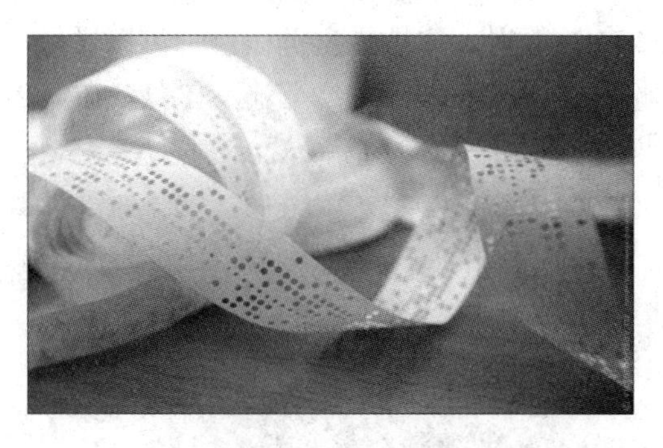

图 1-1　穿孔纸带

程序员将对应于程序和数据的穿孔纸带装入输入机后，启动输入机，把程序和数据输入计算机内存，再通过控制台开关启动程序进行计算；计算完毕，打印机输出计算结果；用户取走结果并卸下穿孔纸带；下一个用户上机进行其所需的计算。

补充知识：

为什么采用穿孔纸带这种方式呢？因为在数字计算机发明之前，已经存在并应用了穿孔卡。穿孔卡上的孔用规定的代码以规定的格式排列，代表特定的信息。穿孔卡与霍列瑞斯制表机的应用极大地提高了美国人口统计的速度：1890 年，6300 万人的调查登记资料，用了一个月就完成了统计制表工作；而 1880 年没有应用穿孔卡时，5000 万人调查登记资料的制表工作，花了 7 年半的时间。

受穿孔卡的启发，人们发明了穿孔纸带。穿孔纸带可以处理二进制数，成本低，轻便，便于保存，因此成为早期的输入/输出介质。目前，穿孔卡、穿孔纸带还在部分数控装置中用作控制介质，数控装置读入这些信息后，控制具体装置(如机床)完成对应的动作。

磁带于 1951 年出现，并逐步用作计算机存储设备。相应地，计算机上也增加了系统监督程序(System Monitor)，用于控制输入机上的用户作业成批地读入磁带，再把磁带上的用户作业读入主机内存并执行，最后把计算结果向输出机输出。完成上一批作业之后按上述步骤重复处理。

此时，数据管理的方式是这样的：各个应用程序按照各自的方式存储和解读数据，数据的组织比较随意；数据是面向具体的计算机程序的，计算机程序之间无法进行数据的共享。这种状况一直持续到 20 世纪 50 年代中期。

1.2.2　文件系统管理阶段

随着计算机技术的发展，硬件设备方面出现了磁鼓、磁盘，软件方面出现了操作系统。

磁鼓存储器(见图 1-2)是 1932 年在奥地利发明的，后来在 IBM 650 系列计算机中被当成主存储器。一支磁鼓有 12 英寸(注：1 英寸 = 2.54 厘米)长，一分钟可以转 12 500 转，每支磁鼓可以保存 1 万个字符(不到 10 KB)。20 世纪五六十年代磁鼓得到了广泛应用。1956 年，第一款带有硬盘驱动器的 305 RAMAC 硬盘机(见图 1-3)问世，它包含 50 张 24 英寸的硬磁盘片，可以存储 4.4 MB 数据，这种硬盘机在当时可以说是“海量”存储器。由于其重量超过了 1 吨，因此通常要用飞机来远距离运输。磁鼓、磁盘的应用极大地提高了数据存储能力和访问速度。

图 1-2　磁鼓

图 1-3　第一款硬盘机

同时代的计算机软件也得到了迅速发展。1956 年，鲍勃·帕特里克(Bob Patrick)在系统监督程序的基础上，为 IBM 704 机器设计了基本输入/输出系统 GM-NAA I/O，这也是有记录的最早的计算机操作系统。1964 年，IBM System/360 推出了一系列大型机，这些不同型号的计算机使用代号为 OS/360 的同一操作系统。

操作系统为程序提供了统一的共享接口，使之可以访问硬件，并进行输入/输出。在数据管理方面，操作系统通常提供文件系统管理功能，用统一的接口来封装数据存储的物理结构细节。利用这样的接口，应用程序通过文件名来存取和操纵数据，并且不必关心硬件细节，从而极大地降低了程序设计的复杂度和数据访问的难度。

此时，数据管理进入了文件系统管理阶段，应用程序从文件中读取数据，进行加工处理，并将数据写入文件中。由于文件可以长期存储在磁盘中，因此不同应用程序之间可以实现对同一文件中的数据进行处理，实现一定程度的数据共享。比如，一个应用程序登记学生成绩，并保存到“成绩”文件中；另一个程序可以读取“成绩”文件的数据，进行汇总和统计，并将结果输出到“成绩汇总”文件中。

基于文件系统进行数据管理的典型例子是使用文本文件进行数据管理。图 1-4 是某文本文件的内容，它描述了学生饭卡的基本信息，第 1 行说明要描述哪些属性，第 2 行及之后每一行描述一个学生的饭卡信息。不同行之间用回车分隔，同一行不同描述值之间用 Tab

键分隔。对应的应用程序向文件系统指定文件名来加载数据，而不需要知道数据存储在硬盘上的哪个扇区等细节。

```
文件(F)  编辑(E)  格式(O)  查看(V)  帮助(H)
卡号        姓名      单位      余额
120170405           张阳      机械工程系      100
120170601           何静      机电工程系      200
120170602           李伟      电子工程系      300
```

图 1-4　使用文本文件进行数据管理示例

不同应用程序涉及的数据范围通常不同。比如，学校管理系统，可能有多个应用程序，如学生学籍管理、学生选课与成绩管理、教师管理、教材管理等，这些应用程序大多需要处理学生基本信息，当一个应用程序中的数据发生变更时，其他数据文件中并不会随之变化，这就会使冗余的数据之间出现不一致。

此外，由于文件内部的具体格式是由应用程序自己定义和解析的，因此，不同应用程序的解析方式可能存在差异。比如，图 1-5 对应的应用程序采用逗号来分隔不同描述值。为了处理每行数据，应用程序还需要做每行数据的定位、组装和解析等工作。

```
学号,姓名,高数成绩,英语成绩,大学物理成绩
120170405,张阳,78,85,89
120170601,何静,82,87,91
120170602,李伟,85,92,88
```

图 1-5　使用逗号分隔描述值的文本文件

虽然文件系统使应用程序不必关心物理存储细节，但存在数据在不同应用之间难以共享、数据格式处理工作繁杂等问题。

1.2.3　数据库管理阶段

1969 年，第一张软盘出现了，它的尺寸是 8 英寸，容量是 80 KB，数据是只读的。1971 年，可读写的 256 KB 软盘诞生了。之后，软盘的直径越来越小，容量越来越大。这一时期，最重要的存储设备——硬盘也在迅速发展。20 世纪 80 年代 IBM 公司发明了磁阻磁头之后，硬盘的容量实现了跨越式发展。1991 年，3.5 英寸硬盘容量可以达到 1 GB。之后，硬盘应用了巨磁阻(Giant Magneto Resistance，GMR)技术，进一步提高了硬盘的存储密度。

在软件方面，计算机操作系统出现之后，计算机应用程序开发大多不需要关注底层硬件的细节了，应用领域越来越广阔，并且能更好地满足用户的需求。

数据管理领域的应用对数据共享提出了越来越高的要求，能够统一管理和共享数据的数据库管理系统(DataBase Management System，DBMS)应运而生，数据管理技术进入了数据库管理阶段。

最早出现的 DBMS 是美国通用电气公司 Charles Bachman 等人在 1964 年开发的 IDS (Integrated Data Store，集成数据存储)。IDS 应用了基于网络的数据模型，这一模型对层次、非层次结构的事物都能进行比较自然的模拟。

1968 年，IBM 公司推出了 IMS(Information Management System)。IMS 是世界上第一个基于层次模型的 DBMS。

📖 补充知识：

IMS是IBM公司的第一代数据库。IMS目前已发展到IMS 15，仍然在WWW应用连接、商务智能应用中扮演着新的角色。至今，它已经有“五十多岁”，对于一个软件系统而言，可以算是“老寿星”了。

基于网络数据模型、层次数据模型的数据库，较好地解决了数据集中和共享的问题，但存取这两类数据库中的数据时，需要明确数据的存储结构，指出存取路径，在数据独立性、抽象级别方面存在一定欠缺。后来出现的基于关系数据模型的关系数据库较好地解决了这些问题。

1970年，IBM研究员E. F. Codd博士在论文“A Relational Model of Data for Large Shared Data Banks”中提出了关系模型的概念。之后，他又陆续发表了多篇文章，为关系数据库奠定了较为完善的数学理论基础。1979年，IBM完成了第一个实现SQL的关系型数据库管理系统——System R。

总的来讲，DBMS的出现使数据管理技术进入了数据库管理阶段。通常认为，这一阶段从20世纪60年代后期开始。在这一阶段，数据采用了结构化存储，不再只针对某一特定应用，而是面向全组织，共享度高，减少了数据冗余，并且实现了数据独立，和对数据统一的控制。

1.3 数据库及相关概念

1.3.1 数据库

从字面含义来讲，“数据库”就是“存储数据的仓库”。在计算机内，数据必须按照一定结构来存储，因此，可以定义为：数据库是按照数据结构来组织、存储和管理数据的仓库。

王珊等人给出的数据库的定义是：数据库是以一定方式存储在一起、能与多个用户共享、具有尽可能小的冗余度、与应用程序彼此独立的数据集合，可视为电子化的文件柜——存储电子文件的处所，用户可以对文件中的数据进行新增、查询、更新、删除等操作。

随着技术的发展，数据库的种类不断丰富，数据库的一些特征也发生了变化。比如，随着数据访问量的增大，原有数据库技术难以满足要求，出现了NoSQL数据库。此时强调更多的不是降低冗余度，而是提高性能。又如，如果把内存数据库(将数据放在内存中直接操作的数据库)也归入数据库的话，部分定义中“长期存储”的限定就不再适用了。

1.3.2 数据库管理系统

数据库就像图书馆里的书库。图书馆不仅要有集中存放图书的书库，还要有一组管理人员，有人负责借书还书，有人负责选书，有人负责图书卡的发放，有人负责图书馆的安防保卫，有人负责图书馆人员的管理等。

类似地，数据库必须要有一套管理系统才能工作，这套系统就是数据库管理系统(DataBase Management System，DBMS)。

DBMS 是操纵和管理数据库的软件，用于建立、使用和维护数据库。DBMS 是建立在操作系统之上的基础软件。大部分 DBMS 提供的功能有：

(1) 数据定义：主要用于建立、修改数据库的库结构。

(2) 数据操作：用于实现数据的追加、删除、更新、查询等操作。

(3) 数据库的运行管理：实现 DBMS 的运行控制、管理功能，以确保数据库系统的正常运行。

(4) 数据组织、存储与管理：分类组织、存储和管理各种数据，其基本目标是提高存储空间的利用率、访问效率。

此外，DBMS 一般还有数据库的保护、数据库维护以及通信功能。

1.3.3　数据库系统与相关概念

数据库系统(DataBase System，DBS)包括数据库管理系统、数据库、操作系统及应用程序等。

DBMS 属于专门的软件，通常需要具有较高专业技能的人员才能管理，这类人员称为数据库管理员(DataBase Administrator，DBA)。DBA 是 DBMS 的管理和维护人员的统称。

广义的数据库系统还包括一般用户、系统运行所需的网络与计算机等基础设施。需要说明的是，DBA 和用户都是逻辑上的概念，在小型系统中，DBA 同时也可以是用户。

在日常生活中，人们在说“数据库”时，可能想表达的是“数据库”“数据库管理系统”“数据库系统”等概念之一。比如，“A 单位应用了一套数据库来管理员工绩效”，这里的“数据库”实际上是“数据库系统”的概念。又如，“B 单位采购了一套达梦数据库”，这里的数据库实际上是“数据库管理系统”的概念。

数据库技术是一种计算机辅助管理数据的方法，研究如何利用数据库组织和存储数据，高效地获取和处理数据。它既包括如何更好地设计数据库(管理系统)的技术，也包括如何使用数据库(管理系统)的技术，还包括如何设计数据库应用系统的技术。本书主要围绕第二部分展开，少量涉及第三部分。

1.4　达梦数据库

1.4.1　多样的数据库

如前所述，网络型数据库最早出现，之后是层次型数据库。1979 年，出现了关系型数据库。由于关系型数据库建立在较为完备的关系理论、关系模型之上，而且避免了网络型数据库、层次型数据库对路径依赖的问题，因此得到了迅速发展。

目前，流行的数据库有 MySQL、SQL Server、Oracle、DB2、Informix 及 PostgreSQL 等，这些数据库都属于关系型数据库，而且各有优缺点。

Oracle 公司(甲骨文公司)的 Oracle、IBM 公司的 DB2 和微软公司的 SQL Server，可以归为大型数据库。还有一些适用于单机或者小型组织的数据库，这类数据库的典型代表有dBase、Foxbase及Access。此外，还有一些介于两者之间的数据库。

大型数据库往往能够支持企业级数据的存储，可扩充性好，而且提供了模式、角色、用户、授权等非常复杂的安全管理机制，以确保数据安全、可靠，而小型数据库通常作为个人或小型组织的数据库使用，在安全性上也比较简单，比如，Access只能设置单一的密码来进行数据访问控制。

关系型数据库能够较好地支持SQL操作和事务管理等，但到了大数据时代，高并发访问请求对于传统数据库而言难以承受。因此，出现了NoSQL数据库。

📖 补充知识：

"NoSQL"，有人解读为"No SQL"，但接受度更高的解读是"Not only SQL"，即"不仅仅要适应SQL，还要适应大规模数据存储的其他特性"，其核心是放弃事务强一致性、关系模型，拥抱最终一致性和键值对、图、文档等其他模型。

按照使用的技术，一般可以把NoSQL数据库分为四类：列族数据库、键值数据库、文档数据库和图数据库。比如，HadoopDB、BigTable和HBase属于列族数据库，Redis属于键值数据库，MongoDB属于文档数据库，Neo4J、InfoGrid属于图数据库。在大数据时代，传统数据库也在进行积极改进，这就出现了NewSQL数据库。NewSQL数据库是统称，是指新的可扩展、高性能数据库，这类数据库具有NoSQL对海量数据的存储管理能力，还保持了传统数据库对ACID和SQL的支持等能力，将NoSQL数据库的扩展性和传统数据库的事务支持融为一体。

1.4.2 达梦数据库简介

达梦数据库是武汉达梦数据库股份有限公司(简称为"达梦公司")的产品。达梦公司专业从事数据库管理系统的研发、销售与服务，同时提供大数据平台架构咨询、数据技术方案规划、产品部署与实施等服务。其前身华中理工大学达梦数据库多媒体研究所成立于1992年，是国内成立最早的数据库研究所。达梦公司依托华中科技大学的技术和人才优势，得到了原国家计委、科技部、信息产业部、公安部、教育部等中央部委和地方政府的支持和扶植，是国家首批认定的软件企业，先后在北京和上海设立了子公司。2003年，达梦公司获得了首届武汉地区软件十佳企业称号。达梦公司先后完成了近30项国家级、省部级的科研开发项目，取得了40多项研究成果，皆为国际先进、国内领先水平，其中12项获国家、省、部委科技进步奖，形成了具有自主知识产权的DBMS产品系列。2001年，科技部组织了科技电子政务工程项目的招标活动，达梦公司中标成为该项目的实施单位之一。2001年，原国家计委立项批准达梦实施国产数据库产业化基地示范工程，达梦公司建立了一个现代化的软件工厂、一个完善的检测中心、一个快捷的技术培训及服务中心和一个覆盖全国的销售网络及渠道。

达梦公司的主导产品是具有自主版权的"达梦数据库管理系统"以及支持多数据源并具有数据仓库功能的达梦智能报表工具和数据库中间产品。达梦数据库是我国国产数据库的代表，主要应用在金融、电力、航空、通信、电子政务等领域。DM 是“数据库多媒体”英文(Database Multimedia)的缩写，也是中文“达梦”的汉语拼音(DAMENG)的缩写。

目前，达梦数据库的最新版本是达梦 8(简称为 DM8)。DM8 是新一代自研数据库，它吸收并借鉴当前先进新技术思想与主流数据库产品的优点，融合了分布式、弹性计算与云计算的优势，对灵活性、易用性、可靠性、高安全性等方面进行了大规模改进，其多样化架构充分满足不同的场景需求，支持超大规模并发事务处理和事务-分析混合型业务处理，动态分配计算资源，可实现更精细化的资源利用、更低成本的投入。DM8 可以安装在 Windows(Windows2000/2003/XP/Vista/7/8/10/Server 等)、Linux、HP-UNIX、Solaris、FreeBSD 和 AIX 等多种操作系统上，支持飞腾版本、龙芯版本、Intel 等硬件平台。

思　考　题

1. 请说明数据和信息的区别。
2. 请画出数据库系统构成的示意图。
3. 请比较关系型数据库、层次型数据库和网络型数据库的优缺点。
4. 请查阅资料了解达梦数据库的典型应用。
5. 查阅资料了解数据库技术的当前发展趋势。

第 2 章　数据库安装与管理

主要目标：

- ■ 掌握达梦数据库的安装要点。
- ■ 理解数据库管理系统与实例的关系。
- ■ 掌握达梦数据库管理的基本操作。
- ■ 了解达梦数据库客户端工具的作用。
- ■ 理解应用数据库管理数据的优点。

数据库管理系统属于基础软件，但绝大多数操作系统并不自带数据库管理系统软件。因此，作为数据库服务器的计算机上需要安装数据库管理系统。本章介绍达梦数据库的安装和达梦服务的控制，并通过若干实例使读者了解通过数据库管理数据的优势。

2.1　达梦数据库的产品系列

达梦数据库提供了标准版(Standard Edition)、企业版(Enterprise Edition)、安全版(Security Edition)及开发版等多种不同的产品系列。

1. 标准版

标准版是为政府部门、中小型企业及互联网/内部网应用提供的数据管理和分析平台。它拥有数据库管理、安全管理、开发支持等基本功能，支持 TB 级数据量，支持多用户并发访问等。该版本以其前所未有的易用性和高性价比，为政府或企业提供其所需的基本功能，并能够根据用户需求升级到企业版。

2. 企业版

企业版是伸缩性良好、功能齐全的数据库，无论是用于驱动网站、打包应用程序，还是联机事务处理、决策分析或数据仓库应用，DM 企业版都能作为专业的服务平台。DM 企业版支持多 CPU，支持 TB 级海量数据存储和大量的并发用户，并为高端应用提供了数据复制、数据守护等高可靠性、高性能的数据管理能力，完全能够支撑各类企业应用。

3. 安全版

安全版拥有企业版的所有功能，并重点加强了其安全特性，引入强制访问控制功能，采用数据库管理员(DBA)、数据库审计员(AUDITOR)、数据库安全员(SSO)、对象操作员

(DBO)四权分立安全机制，支持 KERBEROS、操作系统用户等多种身份鉴别与验证，支持透明、半透明等存储加密方式以及审计控制、通信加密等辅助安全手段，使 DM 安全级别达到 B1 级，适合于对安全性要求更高的政府或企业敏感部门选用。

4. 开发版

开发版是用于业务场景开发的数据库，支持 TB 级数据量，支持多用户并发访问能力，满足各种中、小型用户的需要。但它不支持数据库集群等企业级概念，而且有授权许可的限制，仅用于开发者学习、测试和开发等用途，试用期为 1 年。

达梦数据库产品主要由数据库服务器和客户端程序两大部分组成。其中，数据库服务器有针对 Windows、Linux、Solaris、AIX、HP-UNIX 和 FreeBSD 等不同操作系统的版本，而且全面支持 32 位和 64 位系统。64 位系统能很好地利用 64 位计算机的资源(例如能充分地利用更大容量的内存)，表现出了良好的性能。

2.2　达梦数据库安装

2.2.1　安装准备

在开始安装之前，需要根据数据库及应用系统的需求来选择合适的硬件配置，包括 CPU、内存及磁盘等，硬件配置一般应尽可能高一些，尤其是作为数据库服务器的计算机。此外，不间断电源、显示设备、网络设备等也应考虑在内。

如果作为重要系统的数据库服务器使用，则 Windows 平台的操作系统一般选择 Windows Server 2012、Windows Server 2014 等。如果作为小型部门的服务器使用，也可以选择 Windows 8 旗舰版等操作系统。应根据计算机硬件、操作系统等的不同，选择对应的达梦数据库版本。

要正式应用达梦服务器软件，还要准备相应的授权文件。若只是试用达梦数据库软件，可自行到达梦公司网站(www.dameng.com)下载。

📖补充知识：

在开始安装前，需注意：

(1) 若系统中已安装达梦数据库管理系统，则在重新安装前，应完全卸载原来的达梦数据库管理系统软件，并且在重新安装前，务必备份好原来的数据。

(2) 达梦数据库管理系统是客户/服务器架构的数据库管理系统。数据库服务器可兼作客户机，作为服务器的计算机必须安装服务器端组件，也可以同时安装客户端组件；只作为客户机的计算机需安装客户端组件，不必安装服务器端组件。

2.2.2　安装过程要点

在取得安装程序文件后，即可进行软件安装。由于操作系统不同，因此安装步骤和具体操作会有所区别，但总体上操作接近。下面以 Windows 平台上安装达梦 8 数据库为例来进行说明。

打开安装光盘后直接双击“Setup.exe”安装程序，程序将检测当前计算机系统是否已经安装其他版本的达梦数据库系统。如果存在其他版本的达梦数据库系统，将弹出提示对话框(如图 2-1 所示)。

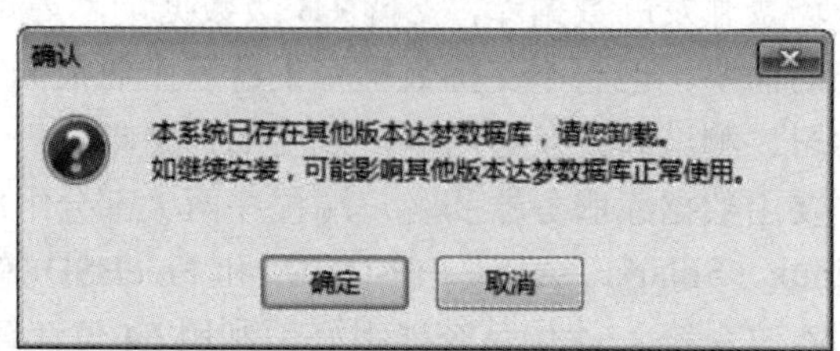

图 2-1　存在其他版本时的提示信息

如果继续安装，将弹出【选择语言与时区】对话框，如图 2-2 所示。根据操作系统配置选择相应的语言与时区(默认为“简体中文”与“GTM+08：00 中国标准时间”)，点击“确定”按钮继续安装。

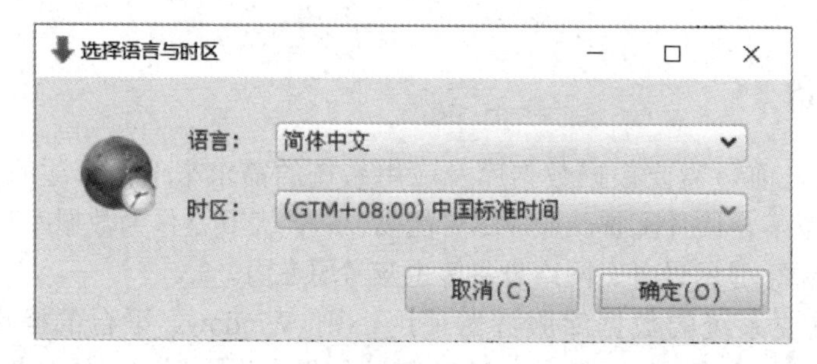

图 2-2　选择语言与时区对话框

弹出欢迎安装界面，如图 2-3 所示。点击“开始”按钮继续安装。

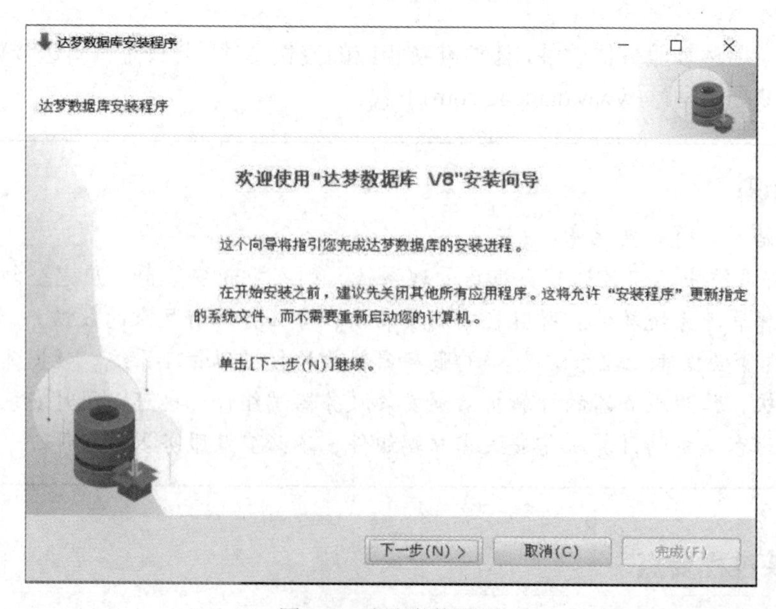

图 2-3　欢迎安装界面

在安装和使用 DM 之前，需要用户阅读许可证协议条款，如图 2-4 所示。如接受该协议，则选中“接受”，并点击“下一步”继续安装；否则，将无法进行安装。

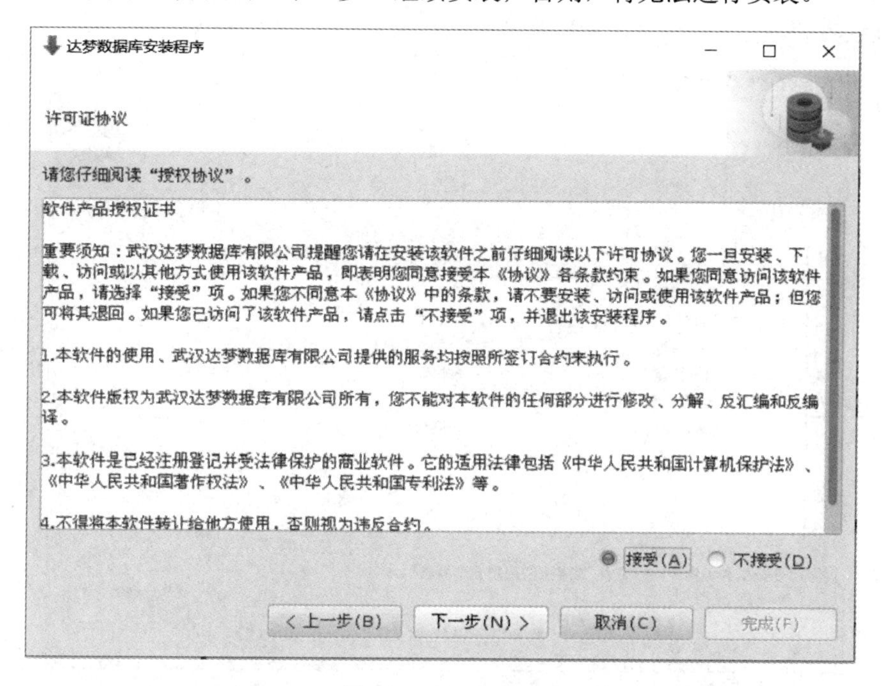

图 2-4　许可证协议

查看版本信息，如图 2-5 所示。用户可以查看 DM 服务器、客户端等各组件相应的版本信息。

图 2-5　查看版本信息

验证 KEY 文件，如图 2-6 所示。用户点击“浏览”按钮，选取 KEY 文件，安装程序将自动验证 KEY 文件信息。如果是合法的 KEY 文件，且在有效期内，用户可以点击“下一步”继续安装。

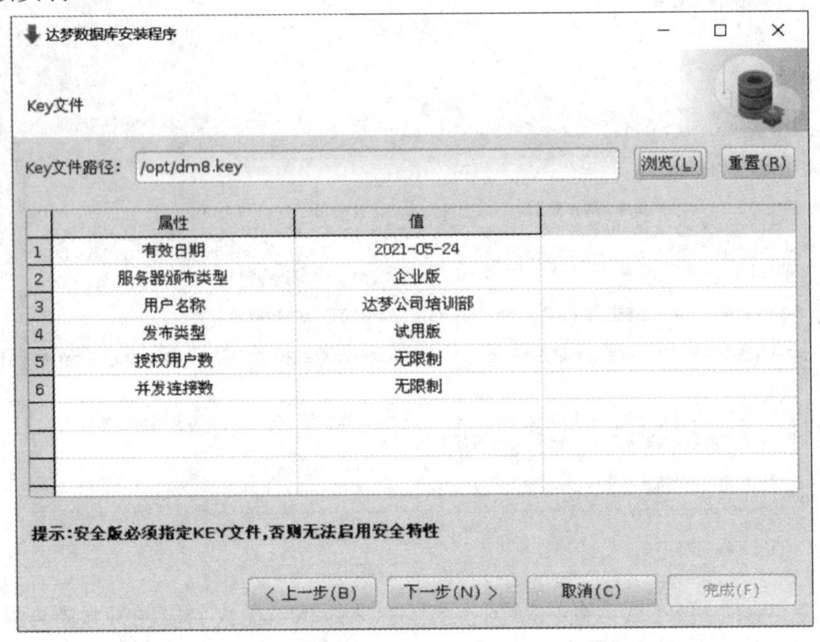

图 2-6　验证 KEY 文件

安装程序提供了四种安装方式，即典型安装、服务器安装、客户端安装和自定义安装。用户可在【选择组件】界面(如图 2-7 所示)根据实际情况选择。

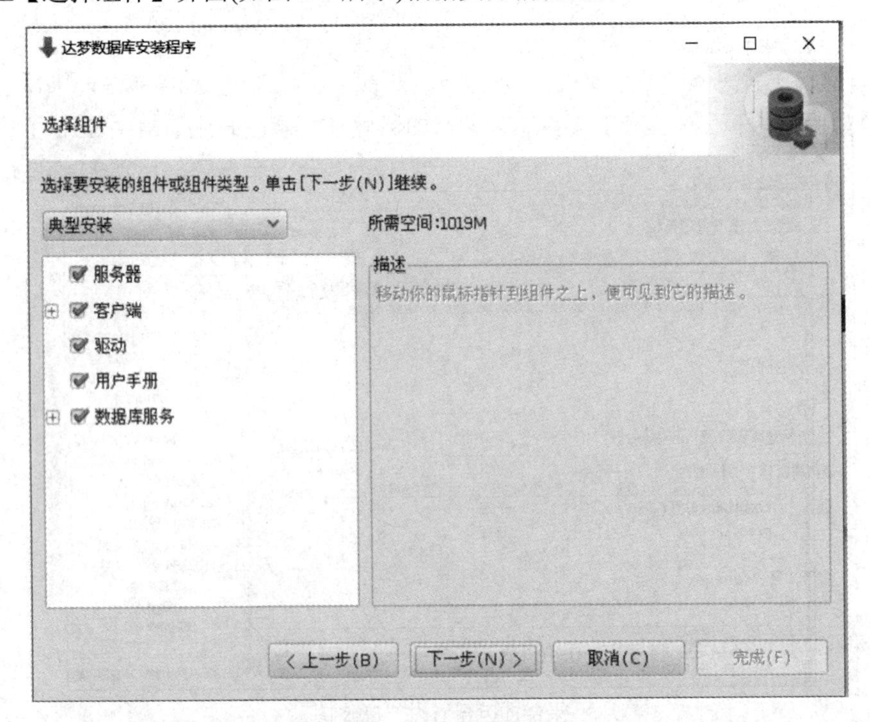

图 2-7　选择组件

(1) 若想安装服务器端、客户端所有组件，则选择“典型安装”。

(2) 若只想安装服务器端组件，则选择“服务器安装”。

(3) 若只想安装所有的客户端组件，则选择“客户端安装”。

(4) 若想自定义安装，则选择“自定义安装”，勾选自己需要的组件。

选择安装方式后，点击“下一步”按钮继续。

之后，在【选择安装位置】界面选择数据的安装目录，如图 2-8 所示。

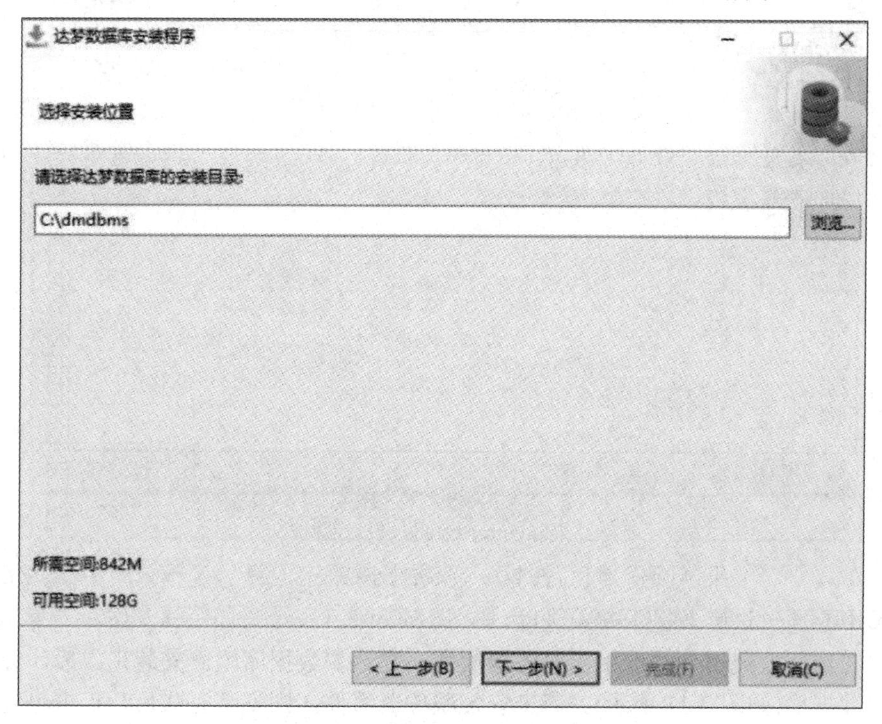

图 2-8　选择安装位置

达梦数据库默认安装在 C:\dmdbms 目录下，可以点击“浏览”按钮更改安装目录。如果指定的目录已经存在，则弹出消息框提示用户该路径已经存在，如图 2-9 所示。若点击“确定”按钮，则在指定路径下安装，该路径下已经存在的达梦某些组件会被覆盖；若点击“取消”按钮，可重新选择安装位置。

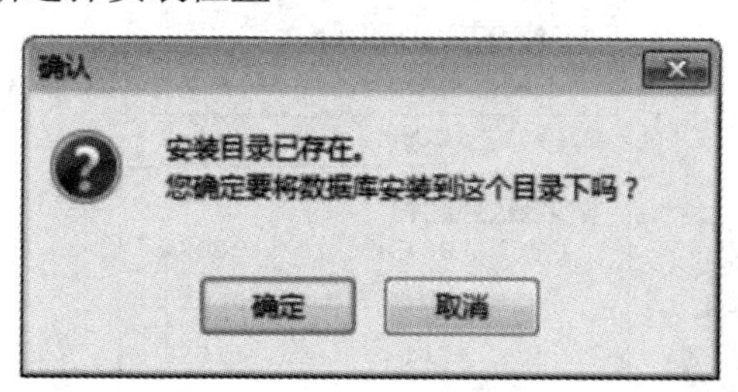

图 2-9　安装目录已存在提示窗

注意：

安装目录名由英文字母、数字和下画线等组成。不要使用包含空格的目录，不要使用中文字符。

点击“确定”后，出现【安装前小结】界面(如图 2-10 所示)，该界面显示即将进行的安装的相关信息，包括产品名称、安装类型、安装目录、所需空间、可用空间、可用内存等。检查无误后点击“安装”按钮，开始拷贝安装的软件。

达梦数据库安装程序

安装前小结

请阅读安装前小结信息:

产品名称	达梦数据库 V8.1.0.0	
安装类型	典型安装	
安装目录	C:\dmdbms	
所需空间	840M	
可用空间	128G	
可用内存	4G	

< 上一步(B)　安装(I)　完成(F)　取消(C)

图 2-10　安装前小结

安装中会通过进度条提示安装进度。

如果在选择安装组件时选中了服务器组件，则达梦数据库软件安装完成后，会提示是否初始化数据库(如图 2-11 所示)。若未安装服务器组件，则安装完成后，点击“完成”将直接退出。

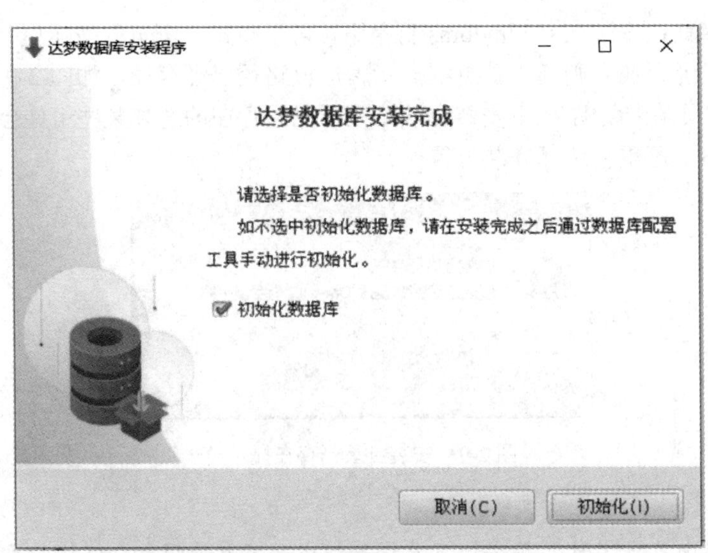

图 2-11　安装完成后提示是否初始化数据库

若选中“初始化数据库”选项，则点击“初始化”按钮将弹出数据库配置工具，具体见 2.4 节。

2.3　达梦客户端工具

一台计算机安装了达梦数据库之后，只是具备了将该计算机作为数据库服务器的基础，还需要对其进行配置和管理，这时需要使用一些工具来进行。

Windows 操作系统上安装达梦 8 的客户端工具主要有：

(1) DM 服务查看器。这一工具用于查看达梦相关服务的状态，进行服务启动、停止等操作。

① “DmServiceDMSERVER”是达梦数据库实例服务。该服务必须启动，达梦数据库服务器才进入工作状态。

② “DmJobMonitorService”是达梦数据库作业服务。该服务必须启动，作业调度才能正常。

③ “DmInstanceMonitorService”是达梦数据库实例监控服务。

④ “DmAuditMonitorService”是达梦数据库实时审计服务。

⑤ “DmAPService”是达梦数据库辅助插件服务。

🕮 补充知识：

通过 Windows 操作系统自带的“服务”控制台也可对达梦相关服务进行查看和控制。用鼠标右键点击【我的电脑】，在弹出的菜单中选择【管理】，进入【计算机管理】控制台，在左侧选择【服务和应用程序】|【服务】，右侧将列出计算机上所有的服务，与 DM 服务相关的服务也在其中。

在“DmServiceDMSERVER”上右击，将弹出如图 2-12 所示的菜单，通过该菜单项可停止、启动该服务。在“DmServiceDMSERVER”上双击鼠标左键，则会出现【DmServiceDMSERVER 的属性】对话框(如图 2-13 所示)。通过该对话框可查看服务的属性，设置服务启动状态，启动或停止服务等。

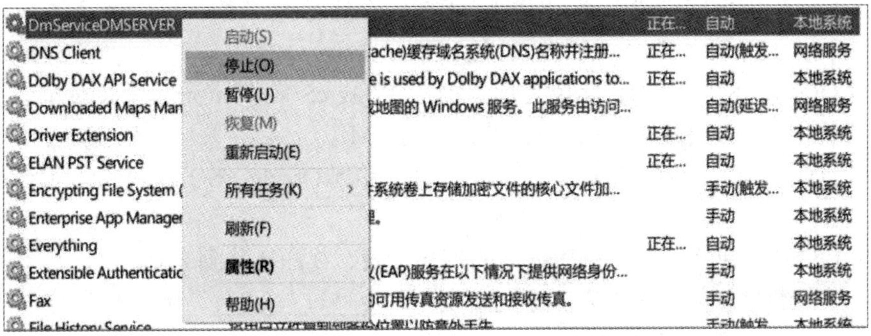

图 2-12　在 DmServiceDMSERVER 上右击弹出的菜单

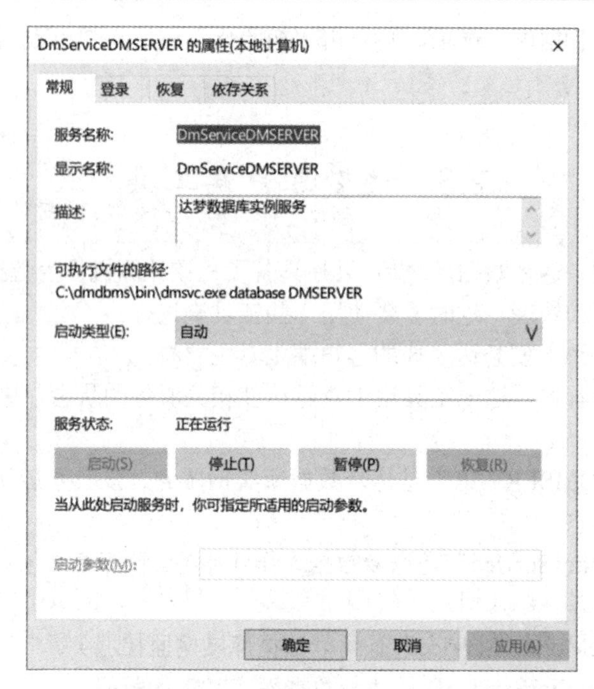

图 2-13　在 DmServiceDMSERVER 上双击出现的对话框

(2) DM 管理工具。DM 管理工具是达梦系统最主要的图形界面工具，通过它用户可以与数据库进行交互操作，进行数据库信息(比如服务器、表、索引、视图、存储过程、函数等)管理，以及数据库备份恢复、数据复制管理、作业调度管理等。

(3) DM 控制台工具。DM 控制台工具是管理和维护数据库的基本工具。通过使用 DM 控制台工具，可以进行服务器参数配置、管理 DM 服务、数据库脱机备份与还原、系统信息查看、许可证信息查看等操作。

(4) DM 审计分析工具。DM 审计分析工具是数据库查看审计日志的基本工具。通过该工具，数据库审计员可以完成审计规则的创建与修改、审计记录的查看与导出。

(5) DM 数据迁移工具。DM 数据迁移工具提供了主流大型数据库迁移到 DM、DM 迁移到主流大型数据库、DM 迁移到 DM、文件迁移到 DM 以及 DM 迁移到文件的功能。DM 数据迁移工具采用向导方式引导用户完成需要的操作。

DM 数据迁移工具支持的操作如下所示。

① 达梦数据库之间模式、表、序列、视图、存储过程/函数、包、触发器、对象权限的迁移。

② 将 Oracle、SQL Server、MySQL、DB2、PostgreSQL、Informix、Kingbase、Sybase 等数据库的模式、表、视图、序列、索引迁移到 DM。

③ 将 DM 的模式、表、视图、序列、索引迁移到 Oracle、SQL Server、MySQL 等数据库。

④ 将 ODBC 数据源、JDBC 数据源的模式、表、视图迁移到 DM。

⑤ 将达梦数据库的模式、表、序列、视图、存储过程/函数、包、触发器、对象权限迁移到 XML 文件、SQL 脚本文件。

⑥ 将达梦数据库的表、视图数据迁移到文本文件、Excel 文件、Word 文件。

⑦ 将指定格式的文本文件(Excel 文件、Word 文件、xml 文件)和 SQL 脚本文件迁移到达梦数据库。

(6) DM 性能监控工具。DM 性能监视工具用来监视服务器的活动和性能情况，并对系统参数进行调整。它允许系统管理员在本机或远程监视服务器的运行状况、状态和性能，调优服务器的性能，发出预警警告。

(7) SQL 交互式查询工具。这是一种基于命令行与数据库服务器进行 SQL 交互的工具。

(8) 数据库配置助手。数据库配置助手是用于数据库实例创建与删除、数据库服务注册与删除的图形化工具。

此外，达梦通常还附带了 ODBC 驱动程序(dodbc)、JDBC 驱动程序(DmJdbcDriver.jar)、OLEDB 驱动程序(doledb)。

由于这些客户端程序主要使用 Java 编写，因此它们具有良好的跨平台特性。

另外，客户端工具不仅可以运行在数据库服务器上，还可以运行在其他计算机(可以称为“管理端”)上。通过管理端计算机来管理数据库服务器，需要二者之间 TCP/IP、数据库服务器端口的通信网络畅通。管理端计算机的操作系统与数据库服务器所用的操作系统可以不同。

2.4　数据库实例管理

数据库可以看作存储数据库的库房，但若只有库房，而没有相关管理服务，则物品管理必然混乱。这种管理就像数据库实例，数据库实例是实现数据库中数据及相关配置管理的“仓库管理员”。它是数据库提供服务的基础，只有创建数据库实例并运行数据库实例，才能访问数据库的服务。

在数据库安装结束后，选择“初始化数据库”，点击“初始化”按钮，可以进入【达梦数据库配置助手】界面(如图 2-14 所示)，也可通过【开始】|【程序】|【达梦数据库】|【数据库配置助手】进入该界面。根据需要，进入创建数据库实例、删除数据库实例、注册数据库服务和删除数据库服务中。注册数据库服务、删除数据库服务的详细操作，请参见达梦数据库联机帮助或其他资料。本节介绍数据库实例的创建与删除。

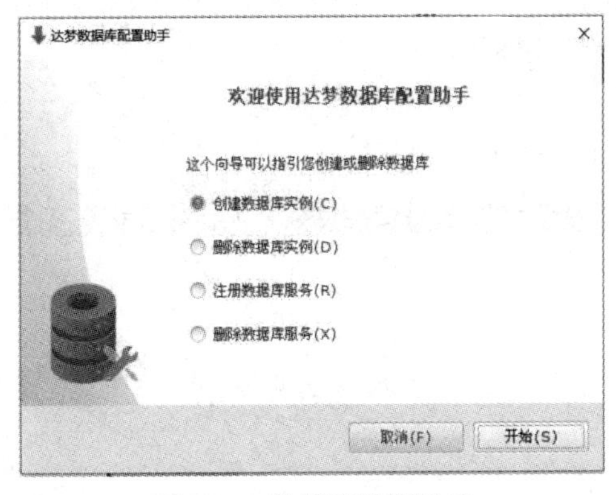

图 2-14　数据库配置助手

2.4.1　创建实例

在如图 2-14 所示的界面中选择“创建数据库实例”，点击“开始”按钮。

在【创建数据库模板】界面(如图 2-15 所示)中，系统提供了三套数据库模板，即一般用途、联机分析处理和联机事务处理，用户可根据自身的用途选择相应的模板。如无特殊目的，选择“一般用途”即可。“联机分析处理”主要用于分析目的；“联机事务处理”主要用于事务处理。二者的区别在于前者数据变动量小或者没有，是对历史数据的分析；后者重在日常事务的支持。

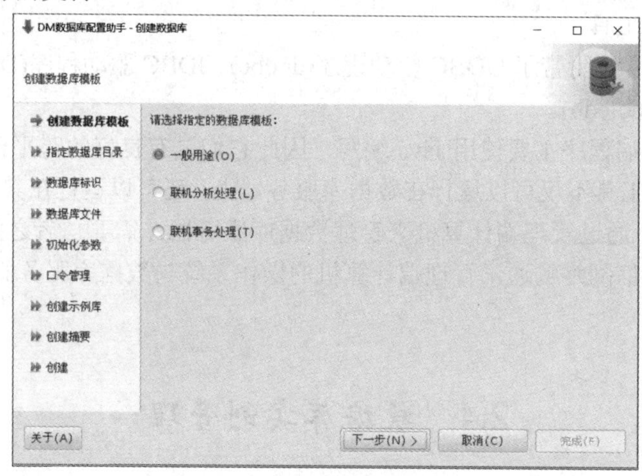

图 2-15　创建数据库模板

接下来的界面是【指定数据库所在目录】，可在此选择数据库存放的目录。

注意：

数据库存放目录与前文的数据库软件目录不同：前者是相关数据文件放在哪里；后者是数据库相关软件放在哪里。

之后是【数据库标识】界面(如图 2-16 所示)，需要输入数据库名(默认是“DAMENG”)、实例名(默认是“DMSERVER”)、端口号(默认是“5236”)等参数。

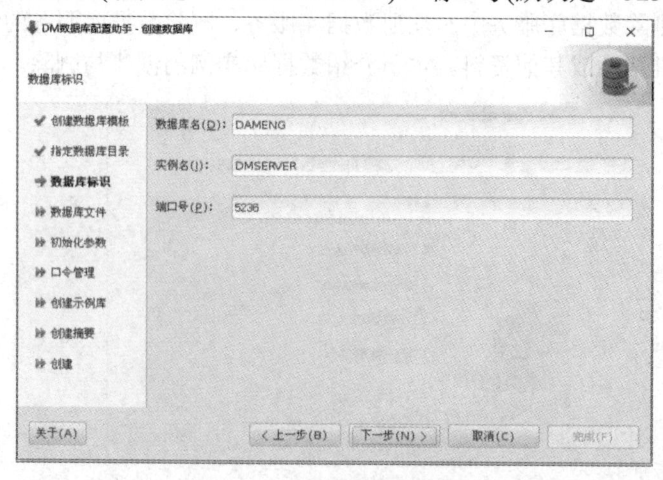

图 2-16　数据库标识对话框

注意：

此处的值务必记牢。另外，上述选项值可以修改，但在一台计算机只创建了一个实例的情况下，不建议修改。

补充知识：

数据库实例与计算机的关系：一台计算机上通常只创建一个达梦数据库实例，但也可以创建多个达梦数据库实例，在此情况下，各实例的实例名不能相同，各实例的端口号也不能相同。

数据库与实例的关系：数据库与数据库实例通常是一一对应的，但在并行服务器架构下，一个数据库可以被多个数据库实例打开。

在安装数据库、创建数据库、备份与收回数据库时要用到数据库名。

在【数据库文件所在位置】界面(如图 2-17 所示)，可以选择或输入确定数据库控制文件、数据库日志文件的所在位置，并可通过右侧功能按钮，对文件进行添加或删除。

图 2-17　数据库文件所在位置

在【数据库初始化参数】界面(如图 2-18 所示)，设置数据库相关参数，如簇大小、页大小、日志文件大小、是否大小写敏感、是否使用 UNICODE 等。

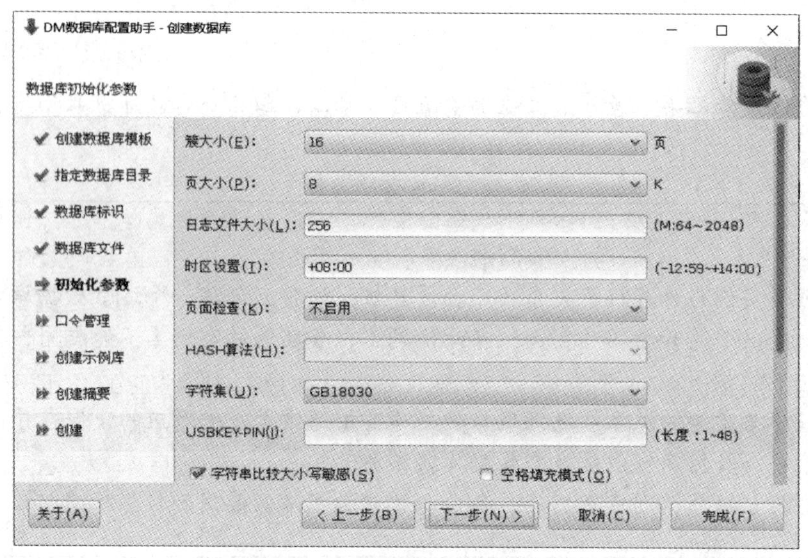

图 2-18　数据库初始化参数

补充知识：

“字符集”的设置非常重要。数据库服务器、客户端选择相同的字符集，才能确保数据编辑、显示正常。字符集通常选择“UTF-8”，还有其他编码模式，例如：ISO-8859、GB2312、GBK、ANSI、DBCS 等。

“字符串大小写敏感”选项，一般不选中。

在【口令管理】界面(如图 2-19 所示)中，输入 SYSDBA、SYSAUDITOR 的密码，可对默认口令进行更改。如果安装的版本是安全版，还会增加 SYSSSO 用户的密码修改。

图 2-19　口令管理

注意：

修改的密码务必牢记。若忘记密码，将无法连接数据库。

在【创建示例库】界面(如图 2-20 所示)中，可选择是否创建示例库。为后续内容介绍方便，可以将两个复选框均选中。实际使用中，根据需要选择即可。

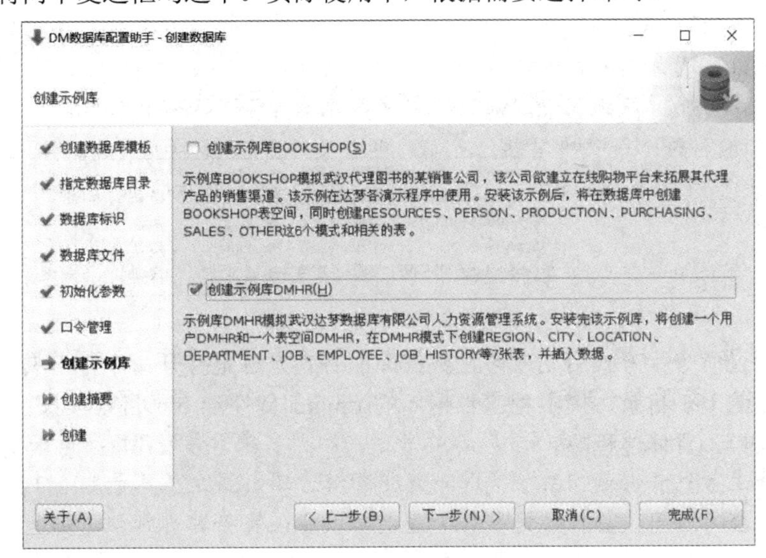

图 2-20　创建示例库

在正式安装数据库之前，会在【创建数据库摘要】中显示数据库配置工具设置的相关参数。此时，点击“上一步”按钮，可以返回到上一步，对设置进行更改；点击“完成”按钮，开始安装数据库，并通过进度条显示进度(如图 2-21 所示)。

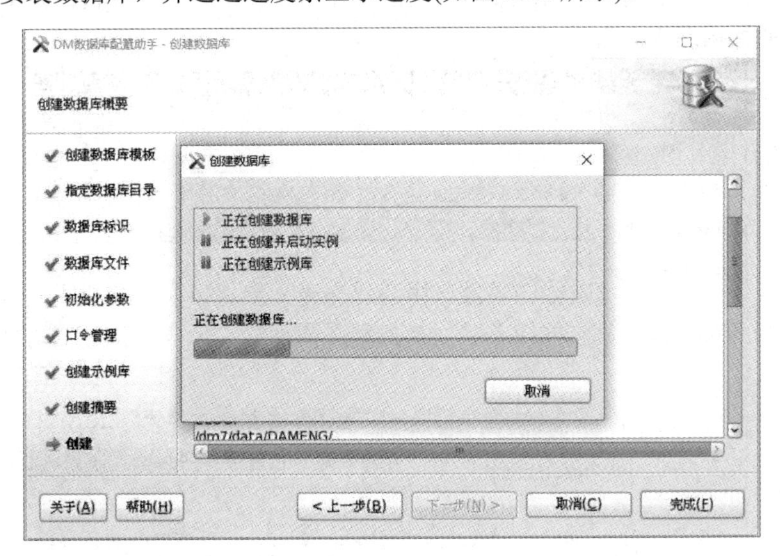

图 2-21　创建数据库过程

2.4.2　启动与停止实例服务

启动与停止 DM 服务是数据库管理员(DBA)的基础性工作。只有启动 DM 服务后，客户端软件才能连接到数据库，并对其进行管理和数据操作。如果数据库服务没有启动或数据库服务被关闭，则用户无法连接和使用数据库。

在 Windows 操作系统中，可以通过点击【开始】|【程序】|【达梦数据库】|【DM 服务查看器】菜单项，查看 DM 相关服务的状态(如图 2-22 所示)，并在服务上通过鼠标右击来对数据库服务进行操作。

DM服务查看器

达梦系统服务

选择一个项目来查看它的描述

名称	描述	状态	启动类型
DmJobMonitorServ.	达梦数...业服务	停止	手动
DmInstanceMonito..	达梦数...控服务	停止	手动
DmAuditMonitorSe.	达梦数...计服务	停止	手动
DmAPService	达梦数...件服务	正...行	自动
DmServiceDMSERVI	达梦数...例服务	正...行	自动

图 2-22　DM 服务查看器

还可以通过命令行方式启动或停止数据库服务。方法是打开命令行工具，进入 DM 程序安装文件夹的 bin 目录，拷贝相应数据库的 dm.ini 文件到 bin 目录，执行 dmserver.exe 启动控制台窗口。具体过程略。

2.4.3　删除实例

当不再需要继续使用 DM 提供的数据库服务时，可以删除数据库实例。若创建了多个数据库实例，必须检查要删除的数据库实例，是否是真正想要删除的实例。

首先，参照 2.4.2 节的内容，停止当前正在运行的数据库实例。其次，启动【达梦数据库配置助手】，选择“删除数据库实例”，点击“开始”按钮。在下一界面(如图 2-23 所示)，选择要删除的数据库实例名。

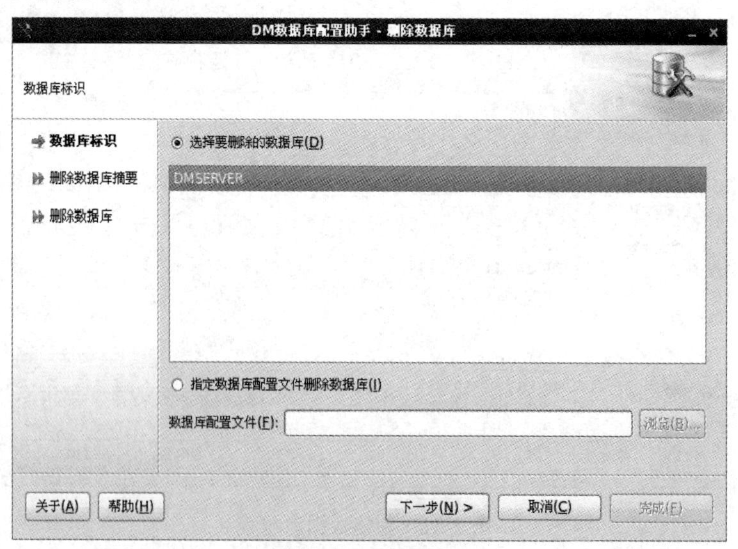

图 2-23　数据库标识

点击“下一步”按钮，将显示要删除实例的信息，核对无误后，点击“完成”按钮，并在弹出的确认对话框中点击“确定”即可。删除后，系统将给出提示信息。

2.5　数据库初体验

2.5.1　登录

通过【开始】|【程序】|【达梦数据库】|【DM 管理工具】进入 DM 管理工具界面(如图 2-24 所示)时，需要经过身份验证才能访问数据库，这样的规则看起来非常自然。访问通过用户名、密码来验证身份。

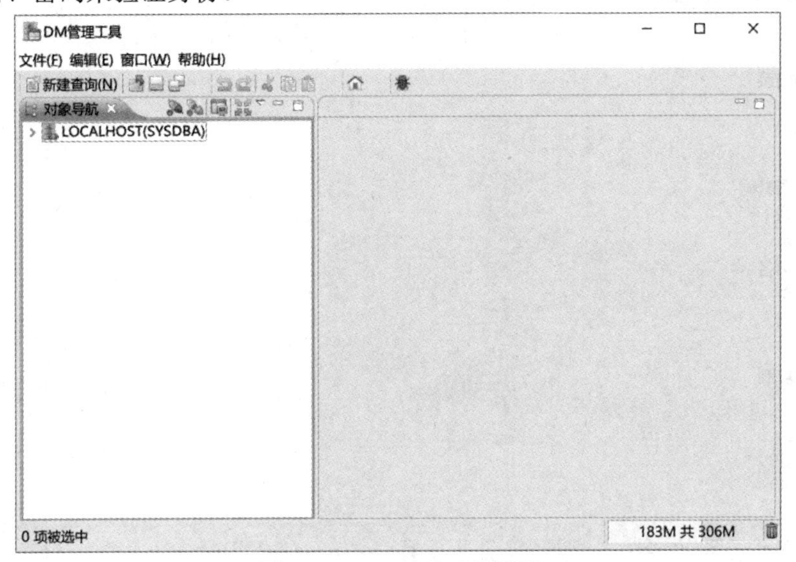

图 2-24　DM 管理工具界面

双击左侧树的根节点(图 2-24 中“LOCALHOST”开始的节点)，弹出【登录】界面，如图 2-25 所示。

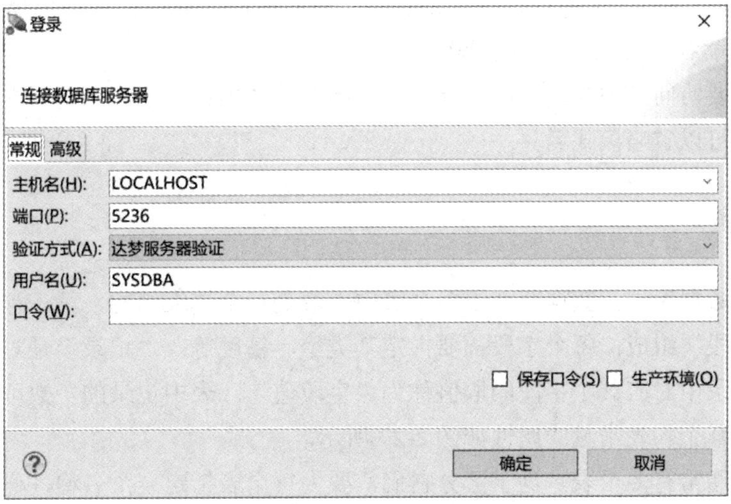

图 2-25　登录界面

主机名处输入达梦数据库服务器的 IP 地址或者主机名，端口为数据库创建时的端口，用户名使用 SYSDBA，口令为创建数据库时设置的 SYSDBA 口令。

之后，点击“登录”按钮。若登录成功，则左侧树节点图标发生变化(如图 2-26 所示)，服务器上的箭头变为绿色，并且可以逐层展开。

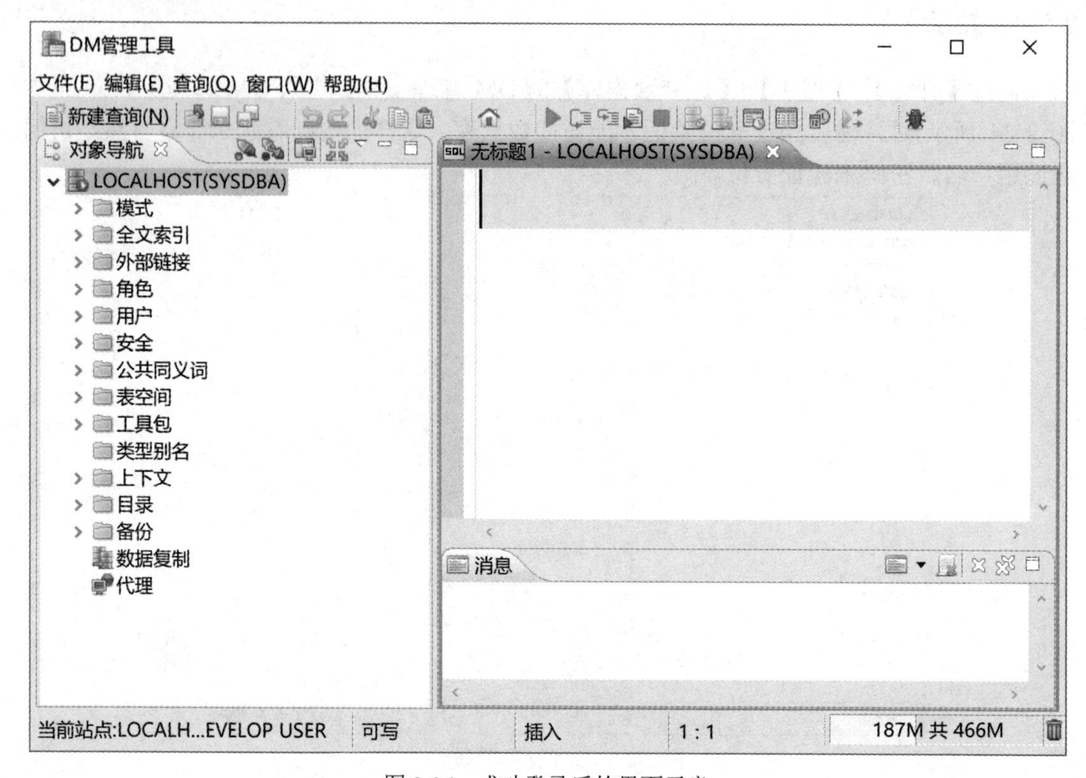

图 2-26　成功登录后的界面示意

达梦数据库中，一个用户所相关的表、视图等，通常存在一个模式下。模式通常与用户是一一对应的(创建一个用户，自动创建该用户对应的模式；但也可以单独创建一个模式。感兴趣的读者，可以进一步了解)。

一个用户要访问其他模式下的对象，必须指明具体的模式名。在访问本用户对应模式下的对象时，可以省略模式名。

2.5.2　认识表

在关系型数据库中，数据存在于多个表中。表是一个二维结构，第一行描述的是数据行由哪些“字段”组成；每个字段都要指定其类型、精度等；“记录”是对每一行数据的称呼。每个记录中对应某个字段的取值称为“字段值”。表中记录的个数可以是 1 个、多个，也可以是 0 个。表常见的属性如图 2-27 所示。

数据库中通常有多个表，为了区分它们，要为每个表指定一个名称，称为“表名称”或“表名”。

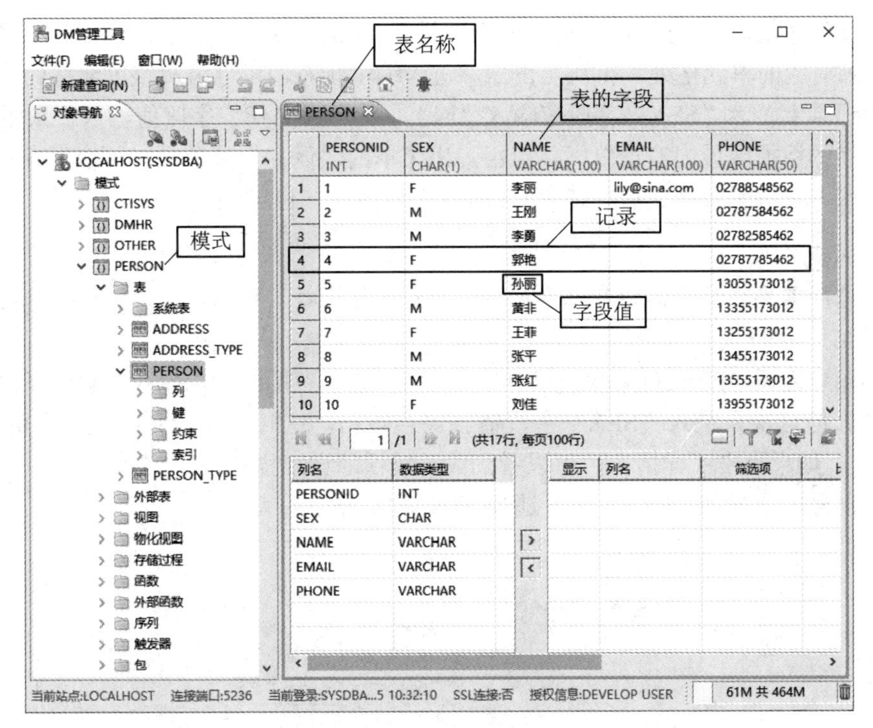

图 2-27　表常见的属性

若干个逻辑上关联的表，通常归属于同一个模式(Schema)。模式描述了数据库的逻辑结构，它是表、视图等数据库对象的集合。同一模式下，对象的名称不能相同。表也是数据库对象，同一个模式下，一个表的名称不能和其他表的名称相同。

2.5.3　数据维护

下面围绕表的使用来介绍一些利于增强感性认识的操作。

打开 DM 管理工具，逐级展开到 PERSON 模式下的 PERSON 表，右击鼠标，点击弹出菜单中的“浏览数据”菜单项。

在右上侧表格区域内，将滚动条拖动到最下方，如图 2-28 所示。

PERSON

	PERSONID INT	SEX CHAR(1)	NAME VARCHAR(100)	EMAIL VARCHAR(100)	PHONE VARCHAR(50)
10	10	F	刘佳		13955173012
11	11	F	王南		15955173012
12	12	F	李飞		15954173012
13	13	F	张大海		15955673012
14	14	F	王宇轩		15955175012
15	15	F	桑泽恩		15955173024
16	16	F	刘青		15955173055
17	17	F	杨凤兰	NULL	02785584662
*	<!NOT NULL>	<!NOT NULL>	<!NOT NULL>	<!NULL>	<!NULL>

1 /1 (共17行, 每页100行)

图 2-28　表格数据

在图 2-28 所示的状态下，PERSON 表中只有 17 条记录。鼠标点击标记有“*”的行、“SEX”列对应的单元格处，再次点击后，进入编辑状态，可以编辑该单元格的值。

在该记录上，为“SEX”字段值输入“M”，为“NAME”字段值输入“张明宇”。

在表格的数据区域内右击鼠标，点击弹出菜单的“保存”菜单项，可以保存刚才录入的数据。或者在编辑数据之后，使用 CTRL + S 快捷键，也可保存数据。

注意：

输入完毕需要移动鼠标到其他单元格，输入才能生效。输入记录后，必须保存数据才能提交到数据库中。

保存记录之后，PERSON 表中就有了 18 条记录。参照刚才的操作，再尝试录入一条新的记录。但这次只录入“SEX”字段值就保存数据，这时可以看到错误提示信息(如图 2-29 所示)。如果点击“详情”，可以看到关于错误的详细描述：

“错误号:　-6609，错误消息: 违反列[NAME]非空约束”。

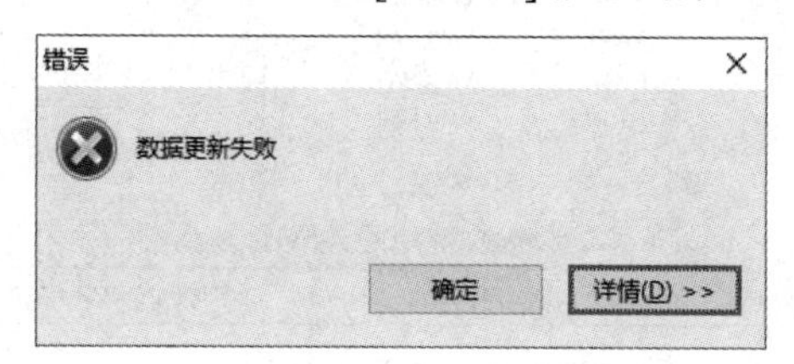

图 2-29　错误提示

如果在左侧树中 PERSON 表上右击鼠标，如图 2-30 所示。

第一次录入了 2 个字段的值，第二次录入了 1 个字段的值，PERSON 表中有 5 个字段，两次操作都只录入了部分字段的值，为什么前者操作成功，后者操作却报错呢？

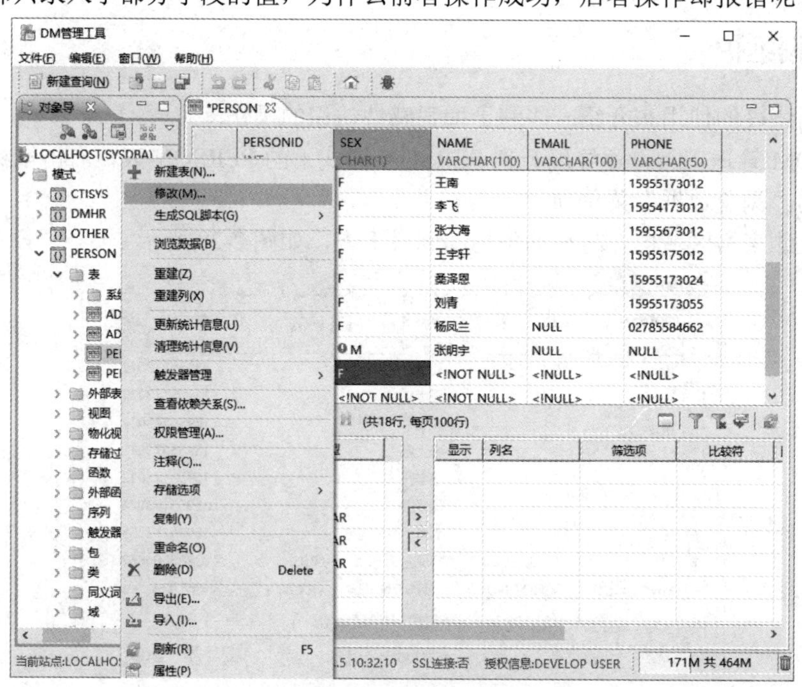

图 2-30　在表上右击鼠标得到的界面

点击“修改”菜单项，可以看到“PERSON”表的详细定义(如图 2-31 所示)。“PERSONID”“SEX”“NAME”字段的“非空”属性上打了钩，而“EMAIL”“PHONE”字段对应的选项未打钩。也就是，在新增记录、修改记录时，“SEX”“NAME”字段必须输入值，否则就无法通过检查。而这样的限制只需要在字段上设置相应属性就可以实现，这也是数据库实现数据管理的优势。

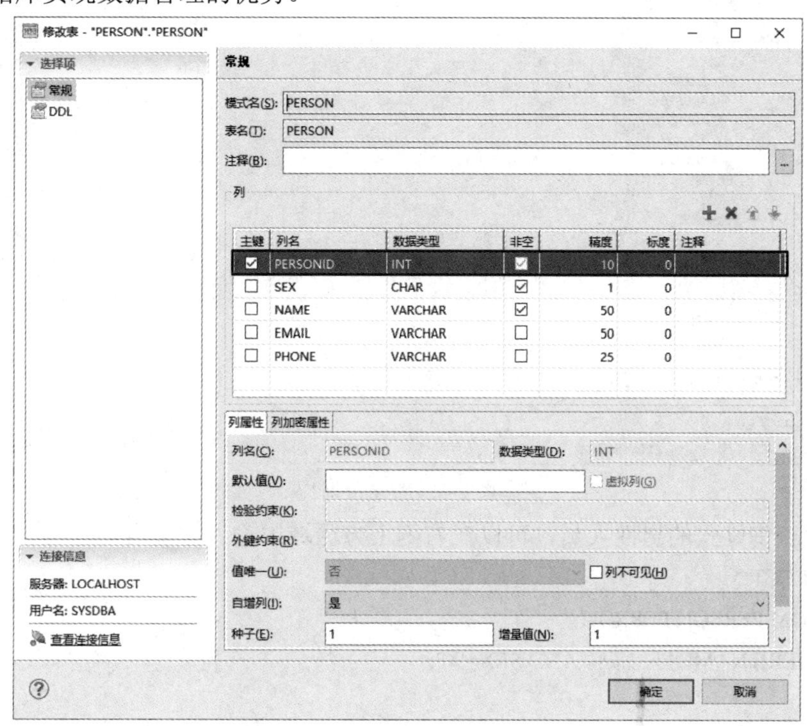

图 2-31　PERSON 表中字段的定义

从图 2-31 可以看到“PERSONID”字段也是非空字段，但回顾前面两次操作，都没有为“PERSONID”录入字段值，为何能操作能成功呢？

图 2-31 下方显示了“PERSONID”字段的具体设置：“自增列”取值为“是”，这表明它是自增列(一类特殊整数型，字段的值由数据库来控制)；“种子”处的值为“1”，表明字段值的初始值为 1；“增量值”处的值为“1”，表中每增加一条记录，该数值加 1，作为下一条记录该字段的值。正是因为“PERSONID”属于自增列，所以在编辑数据的界面上不需要输入。确切地说，在图 2-31 所示的界面上也不提供编辑该字段值的功能。

2.5.4　数据查询与统计

DM8 属于关系型数据库，具有强大的 SQL(结构化查询语言)语言支持功能。关于 SQL 语言，后面有专门的介绍，在此仅作简要介绍。

假如“PERSON”表中有了更多的数据，比如几千条记录，这时，靠人工查找符合条件的记录是很困难的。可以通过 SQL 查询来实现。

点击主菜单下方“新建查询”快捷按钮，或者按“Ctrl＋H”快捷键，可以打开新的查询(如图 2-32 所示)。

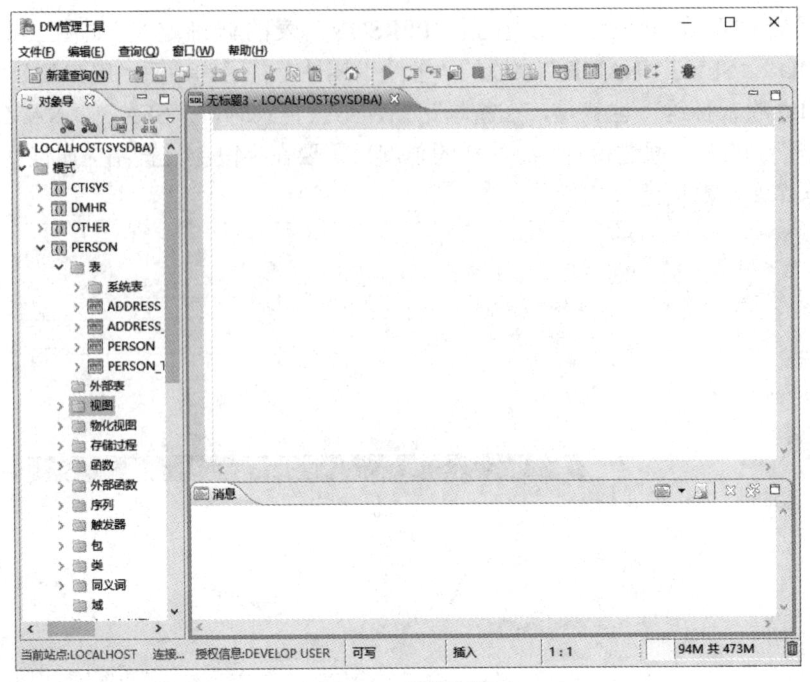

图 2-32 新建查询

假如要查询姓张的男性人员，可以在右侧上方区域内输入如下语句。

```
SELECT *
FROM PERSON.PERSON
WHERE NAME like '张%' AND SEX='M';
```

注意：

语句中的标点符号(含空格)均为半角状态的符号，字母均为半角状态下的字母。

点击图 2-32 中靠近上部的绿色三角形的箭头，或者按 F8 键，就可以得到语句执行的结果，如图 2-33 所示。

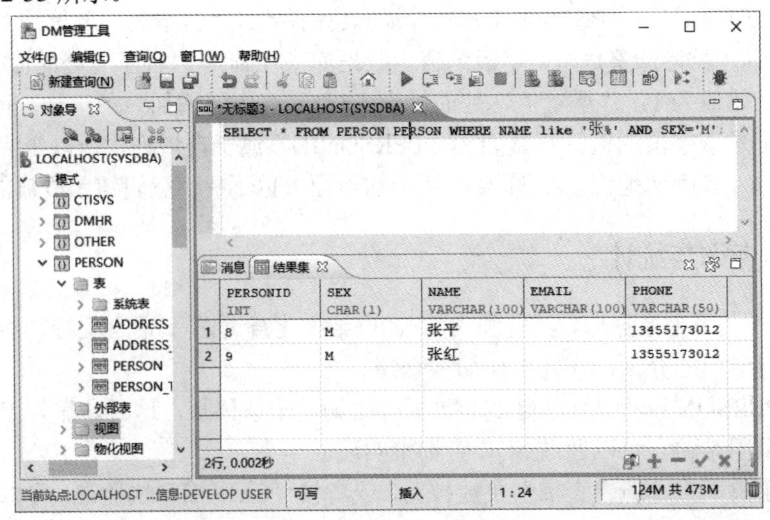

图 2-33　执行语句的结果

右侧下方显示了满足要求的记录。

整个过程使用的 SQL 语句高度结构化，而且理解起来比较容易。更重要的是，书写 SQL 语句时，不需要知道数据库所在计算机是什么操作系统；不需要知道保存在哪个磁盘的哪个文件上；不需要提供是先按性别过滤再按姓氏过滤，还是先按姓氏再按性别过滤，或者是其他的具体过程的信息。

如果要男性、女性各有多少人，可以输入如下语句：

```
SELECT SEX, COUNT(*)
FROM PERSON.PERSON
GROUP BY SEX;
```

执行后，可以得到结果：女性 12 人，男性 6 人(含前面录入的张明宇)，如图 2-34 所示。

消息　结果集

	SEX CHAR(1)	COUNT(*) BIGINT
1	F	12
2	M	6

2行, 0.005秒

图 2-34　执行统计的结果

PERSON 中记录不多，靠人工来统计的话，很快就可以得到结果。

不妨看一个稍微复杂的例子。转到 DMHR 模式的 EMPLOYEE 表上，EMPLOYEE 表有 856 条记录，如果要统计各年聘用人数，可以输入并执行如下语句：

```
SELECT YEAR(HIRE_DATE) AS 年, COUNT(*) AS 人数
FROM DMHR.EMPLOYEE
GROUP BY YEAR(HIRE_DATE);
```

其中，HIRE_DATE 是聘用日期，YEAR(HIRE_DATE)得到聘用日期中的年度值。统计结果如图 2-35 所示。

消息　结果集

	年 INTEGER	人数 BIGINT
1	2006	1
2	2008	107
3	2009	130
4	2010	124
5	2011	117
6	2012	137
7	2013	117
8	2014	121
9	2015	2

图 2-35　统计结果

如果增加难度——统计职务为项目经理及以上人员在各年度聘用的人数情况，并按照年度聘用人数多少排列，可以输入并执行以下语句：

```
SELECT YEAR(HIRE_DATE) AS 年, COUNT(*) AS 人数
FROM DMHR.EMPLOYEE
WHERE JOB_ID <='32'
GROUP BY YEAR(HIRE_DATE)
ORDER BY 人数;
```

该语句较前面的语句增加了 JOB_ID 的条件，这个条件是根据 JOB 表中关于 JOB_ID、JOB_TITLE 中的语义约定，JOB_ID 值越小，给出的职务越高。

如果类似功能用程序设计语言读取文件中的数据，并进行统计、查询等操作的话，则需要写出大量、复杂的代码，耗时费力，而且通用性不强。利用数据库技术，掌握一种语法较为简单的 SQL 语言就可方便地实现。这充分体现了数据库管理数据的优势。

思　考　题

1. 请描述在 Windows 操作系统上安装达梦数据库时需要注意的要点。

2. 查阅资料，说明数据库实例的概念，并说明一台服务器上安装多个实例时，在配置和访问数据库时需要注意的要点。

3. 查阅资料，写出通过命令行实现 DM 服务启动与停止的命令。

第 3 章　数据表与视图

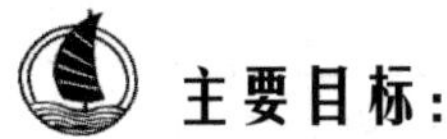

主要目标：

- 掌握数据表建立、修改、删除的方法。
- 理解视图的概念、视图与表的关系。
- 掌握视图的使用方法。
- 理解物化视图的概念。

关系数据库的所有数据都存储在数据表中。由于用户有不同的查询需求，有时需要同时用到几个表中的数据，此时，为了更好满足查询需求便有了视图的概念。本章将采取实例讲解的形式，分别介绍数据表与视图。

3.1　数　据　表

表是数据库中数据存储的基本单元，是对用户数据进行读和写操作的逻辑实体。表是一个二维结构，由列和行组成，每一行代表一个单独的“记录”。表中“记录”的个数可以是 1 个、多个，也可以是 0 个。列描述了表中包含的实体的属性。每个列都有一个名字，称为“列名”或“字段名”，同一个表中的不同列，列名不能相同。

除了列名外，列还有数据类型(dataType)和长度(length)两个属性。“数据类型”描述了这个列可以存取哪种值。数据类型可以分为整数型、实数型、字符串型、文本型、日期型等。其中，字符串型、文本型等还需要指定长度。比如，列名为“简历”的列，其类型为 CHAR(100)，100 是该列的长度，每行记录的该字段都需要占用 100 B。若其类型为 CHAR(1000)时，则该列的长度为 1000。字符串型的列，通常采用 VARCHAR 类型进行存储，此时，其长度规定了该列最多可以容纳的字符。

> **补充知识：**
>
> VARCHAR(1)在几种典型情况下所占用的字节、可存储的汉字字符和英文字符如表 3-1 所示。

表 3-1　VARCHAR(1)占用字节及可存储字符

分　类	所占字节	可存储的汉字字符	可存储的英文字符
字符集是 UTF-8，长度以字符为单位	4	1	4
字符集是 UTF-8，长度以字节为单位	1	0	1
字符集是 GB18030，长度以字符为单位	2	1	2
字符集是 GB18030，长度以字节为单位	1	0	1

VARCHAR 类型指定变长字符串，用法类似 CHAR 数据类型，但两者区别在于 CHAR 型实际存储的字符串不够长时，系统自动填充空格，而 VARCHAR 类型只占用字符串实际的字节空间。

对于 NUMERIC、DECIMAL 以及那些包含秒的时间间隔类型来说，可以指定列的小数位及精度特性。在 DM 系统中，CHAR、CHARACTER、VARCHAR 数据类型的最大长度由数据库页面大小决定，而数据库页面大小在初始化数据库时指定。

DM 系统具有 SQL-92 的绝大部分数据类型，以及部分 SQL-99、Oracle 和 SQL Server 的数据类型。

在达梦数据库中，表空间由一个或者多个数据文件组成。达梦数据库中的所有对象在逻辑上都存放在表空间中，而物理上都存储在所属表空间的数据文件中。达梦数据库在创建时，会自动创建 5 个表空间：SYSTEM 表空间、ROLL 表空间、MAIN 表空间、TEMP 表空间和 HMAIN 表空间。

每一个用户都有一个默认的表空间。对于 SYS、SYSSSO、SYSAUDITOR 系统用户，默认的用户表空间是 SYSTEM，SYSDBA 的默认表空间为 MAIN，新创建的用户如果没有指定默认表空间，则系统自动指定 MAIN 表空间为用户默认的表空间。如果用户 B 在创建表的时候，指定了存储表空间 A，并且和当前用户的默认表空间 B 不一致时，表存储在用户指定的表空间 A 中，并且默认情况下，在这张表上面建立的索引也将存储在 A 中，但是用户的默认表空间是不变的，仍为表空间 B。

3.1.1　数据表的创建

有两种办法来创建表：一种是用 DM 管理工具通过图形界面来创建表；另一种是使用 SQL 语句来创建表。本小节将采用前一种方法。

【例 3-1】　“学生”表的建立。

(1) 在 DM 管理工具中，在 STUDNET 模式的“表”节点上，点击鼠标右键，出现弹出菜单，如图 3-1 所示。

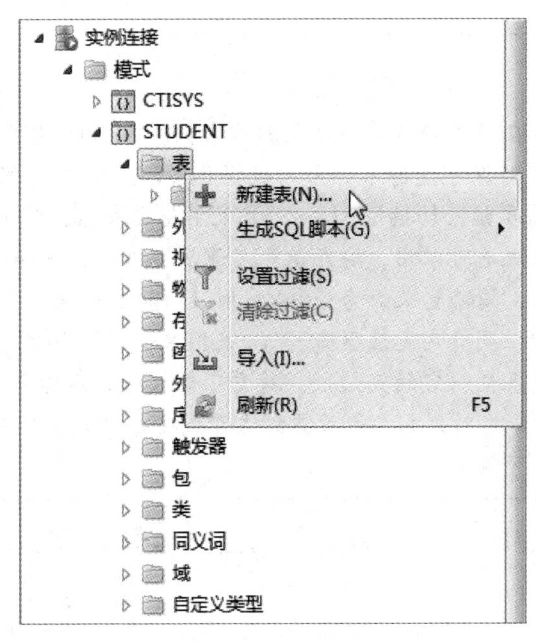

图 3-1　创建表(1)

📖 **补充知识：**

在达梦数据库中，表是在“模式”下建立的。“模式”(Schema)是用户所创建数据库对象的集合。数据库对象除了数据表之外，还有视图、索引、存储过程等。

一个模式与一个数据库用户相对应，并且模式名与该用户的名称相同。比如，创建名称为“STUDENT”的用户后(创建用户及用户管理的操作，请参见“第 9 章　数据安全管理”)，DM 管理工具左侧的树形结构“模式”节点下就会出现“STUDENT”(其含义为“STUDENT 模式”)。

一个模式内部，即使当前用户拥有相应的访问权限，也不可以直接访问其他模式的数据库对象。要访问其他模式的数据库对象，必须指定具体的模式名称。

(2) 鼠标点击“新建表”选项，出现图 3-2 所示的窗口。点击“+”按钮添加列，依次指定列名、数据类型，若有必要可同时指定精度，点击工具栏上的钥匙形状图标，将“学号”设置为主键。

列

主...	列名	数据类型	非...	精度	标度	注释
☑	学号	INT	☑	10	0	
☐	姓名	VARCHAR	☑	15	0	
☐	性别	VARCHAR	☐	3	0	
☐	出生日期	DATETIME	☐	36	6	
☐	籍贯	VARCHAR	☐	36	0	
☐	系号	INT	☐	10	0	

图 3-2　创建表(2)

📖 **补充知识：**

工程实践上，存在多种命名表、字段的方式：① 采用汉字命名，其优点是可读性强，缺点是不适用对汉字支持不够好的数据库管理系统、编程环境，而且在书写 SQL 语句时，往往需要频繁切换输入法；② 采用英文命名，其优点是对汉字支持不够好的数据库管理系统也可以用，缺点是表名通常会很长，一些词汇(如“职称”“职务”“职级”等)翻译、阅读起来费力；③ 采用汉语拼音命名，其优点是可读性强，缺点是有时名称过长、同音字无法区分；④ 采用汉语拼音首字母，其优点是名称长度控制较好，缺点是丢失一定的可读性，对首字母相同的名称需要特别约定。

本书在表、字段命名时，主要是考虑到达梦数据库对汉字具有较好的支持，同时为了阅读方便，采用了汉字名。

(3) 在图 3-3 所示窗口，将“表名(T)”设置为“学生”，并点击“确定”，完成“学生”表的建立。

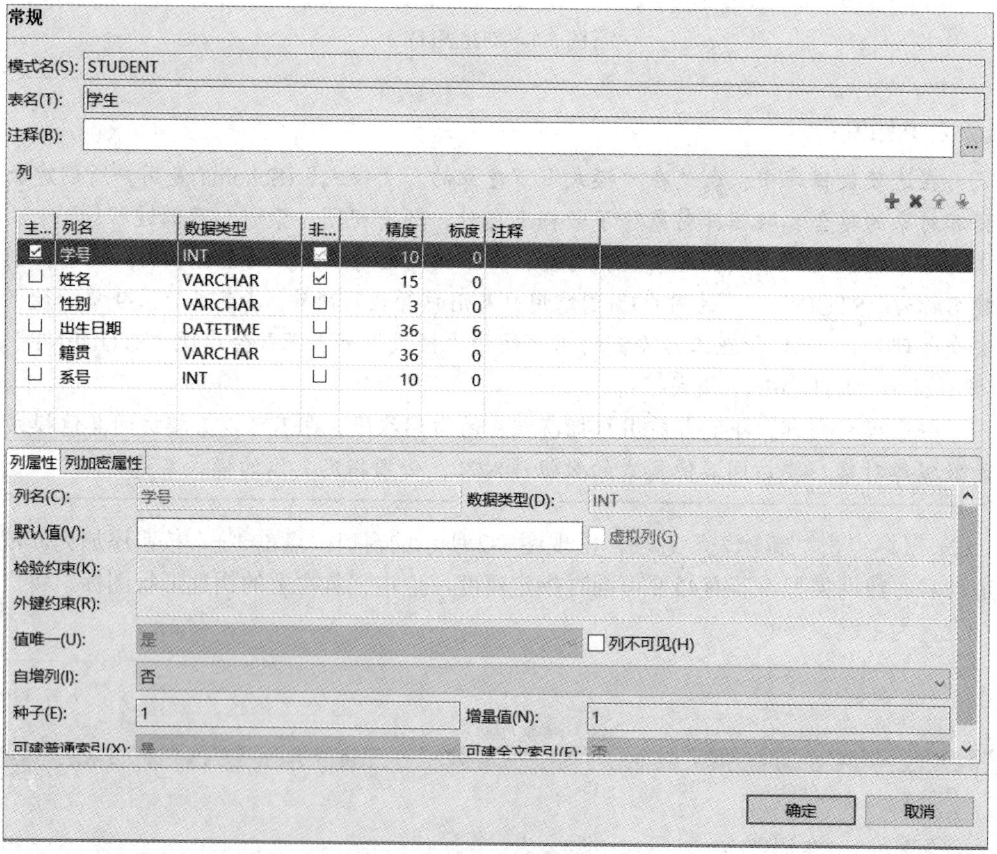

常规

模式名(S): STUDENT

表名(T): 学生

注释(B):

列

主...	列名	数据类型	非...	精度	标度	注释
☑	学号	INT	☑	10	0	
☐	姓名	VARCHAR	☑	15	0	
☐	性别	VARCHAR	☐	3	0	
☐	出生日期	DATETIME	☐	36	6	
☐	籍贯	VARCHAR	☐	36	0	
☐	系号	INT	☐	10	0	

列属性　列加密属性

列名(C): 学号　　数据类型(D): INT

默认值(V):　　☐ 虚拟列(G)

检验约束(K):

外键约束(R):

值唯一(U): 是　　☐ 列不可见(H)

自增列(I): 否

种子(E): 1　　增量值(N): 1

可建普通索引(X): 是　　可建全文索引(F): 否

确定　取消

图 3-3　创建表(3)

按照上述步骤，依次完成“课程”“系”“选修”表的建立。最终，模式“STUDENT”将建立如图 3-4 所示的四张表。

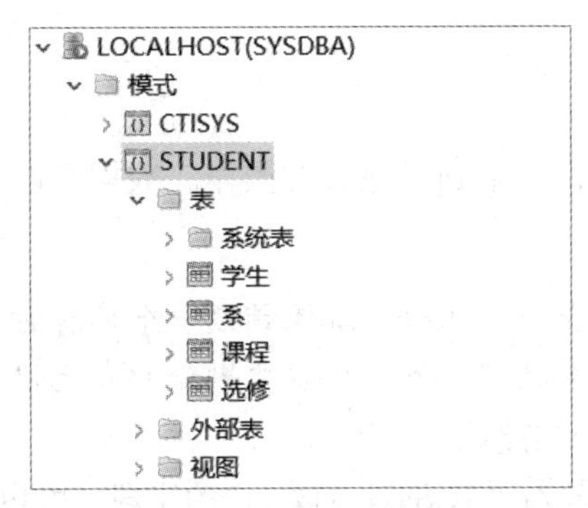

图 3-4　创建表(4)

3.1.2　数据表的修改

在数据库应用过程中，数据管理的业务规则可能发生变化，有时候需要根据实际情况对表的结构做出修改。表结构的修改和表的建立类似，也可以通过图形化界面进行操作，或者使用 SQL 语句来进行操作。这里以“学生”表结构修改为例介绍前一种方法。

【例 3-2】　“学生”表的修改。

在模式“STUDENT”下的“表”节点下，有上一节建立的四张表(若已创建完，请在“表”节点上右击鼠标，并点击“刷新”菜单项)。在“学生”表上右击，点击“修改”，将出现如图 3-5 所示的窗口。

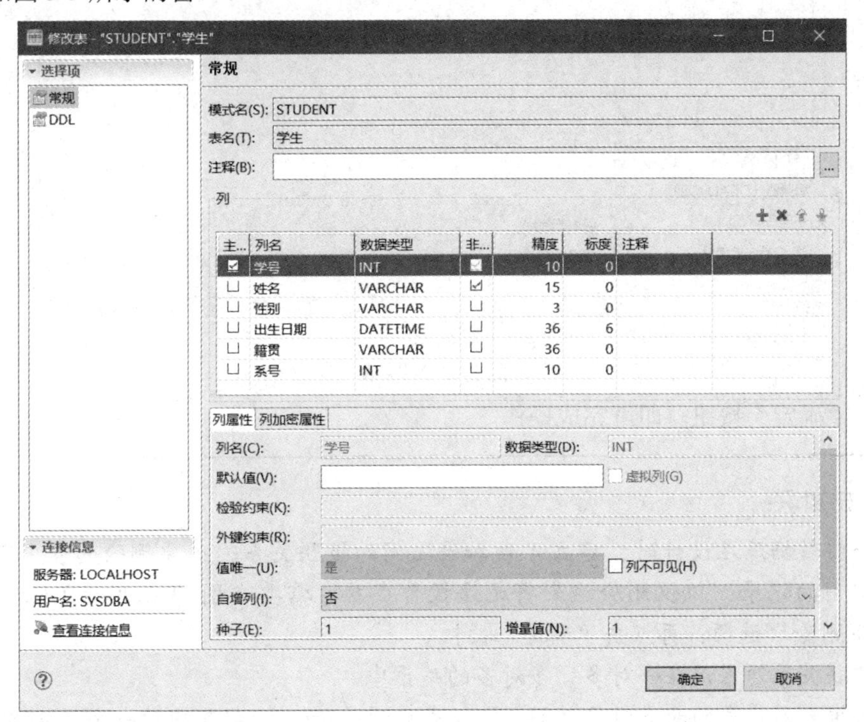

图 3-5　修改表

这个窗口和前面创建表的窗口是一致的，在这个窗口可以进行列的修改操作，操作要点与创建表的操作要点相似。

3.1.3 数据表的删除

当不再需要某个表时，就会用到删除表的操作。数据表的删除比较简单。

注意：

删除表时，表中的数据会一并删除。就像销毁一个库房时，连同库房内存放的所有物品全部都被销毁掉。在删除表之前，务必核实要删除的表无误！

【例 3-3】 “TEST”表的删除。

参照前面的内容，建立名为“TEST”的表(表的字段，可自己确定)，并刷新左侧的树。

在“表”下“TEST”上右击鼠标，选择“删除”，出现图 3-6 所示的窗口。

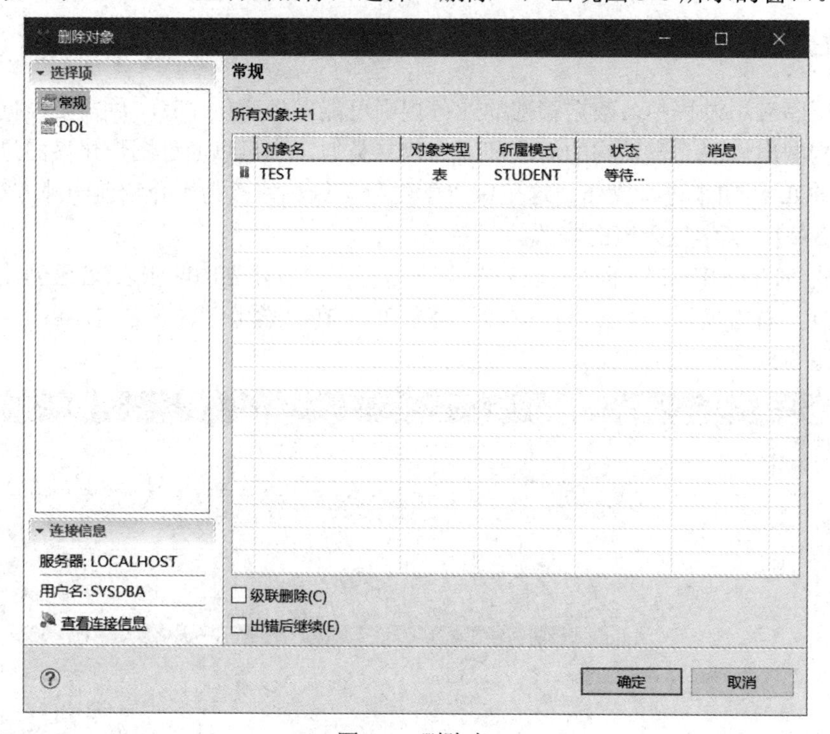

图 3-6 删除表

点击“确定”按钮，即可完成操作。

补充知识：

一些数据库在设计时，建立了表和表之间的级联关系，若要删除的表中有被其他表引用的记录，仅仅删除该表将无法操作成功，需要在图 3-6 所示界面中勾选“级联删除”选项，再点击“确定”按钮。

级联关系通常用在一对多、多对多的关系中。

数据表所代表的两类对象之间，若 A 表中的一行(对应现实中的一个 A 对象)可以匹配 B 表中的多行(每行对应现实中的一个 B 对象)，但是 B 表中的一行只能匹配 A 表中的一行。例如，“出版社”和“书籍”之间具有一对多关系：每个出版社出版多种书籍，但是每种书只能出自一个出版社。常规的数据库设计中，通常把“书籍”表设计为“出版社”表的子表。“子”是“孩子”“子孙”的简称。一个人可以有多个孩子，但一个人的父亲或母亲只有一个。前述例子中，B 表相对 A 表而言就是子表(这种关系的具体操作，是在 B 表上设置引用 A 表主键的“外键”来实现的)，而 A 表则是 B 表的父表。A、B 表的这种关系，简称为“父子表”，也称为“主从表”(A 表是主表、B 表是从表)。要删除“出版社”表，就需要勾选“级联删除”选项。

在 DM 数据库中，一条记录中有若干个属性，若其中某一个属性组(注意是组，可以只有一个属性，也可有多个)能唯一标识一条记录，该属性组就可以成为一个主键。比如：

学生表(学号，姓名，性别，班级)中，每个学生的学号是唯一的，学号就是一个主键。

课程表(课程编号，课程名，学分)中，课程编号是唯一的，课程编号就是一个主键。

选修表(学号，课程号，成绩)中，单个属性无法唯一标识一条记录，学号和课程号的组合才可以唯一标识一条记录，所以，学号和课程号的属性组是一个主键。

选修表中，学号不是主键，但它和学生表中的学号相对应，并且学生表中的学号是学生表的主键，通常将其设置为引用学生表学号字段的外键。同理，选修表中的课程号是课程表的外键。

定义主键和外键主要是为了维护关系数据库的完整性。

3.1.4　用 SQL 语句管理数据表

除了通过图形化操作完成表的建立、修改和删除之外，还可以使用 SQL 语句来完成。使用 SQL 语句时，首先应该点击 DM 管理工具中的“新建查询”按钮，其次在窗口中输入相应的 SQL 语句，最后点击靠近上部的绿色三角形的箭头( )按钮，执行 SQL 语句。

下面将介绍表的建立、修改和删除的 SQL 语句。

1. 创建表

用户建立数据库后，就可以定义表来保存用户数据的结构。

创建表时，需要指定表名、表所属的模式名，各个列的定义以及完整性约束。SQL 语句的语法如下所示。

```
CREATE TABLE<表名>(<列名><数据类型>[列级完整性约束条件]
[,<列名><数据类型>[列级完整性约束条件]]
...
[,<表级完整性约束条件>]);
```

建表的同时，通常还可以定义与该表有关的完整性约束条件，这些完整性约束条件被存入系统的数据字典中，当用户操作表中数据时，由关系数据库管理系统自动检查该操作是否违背了完整性约束条件。如果完整性约束条件涉及该表的多个属性，则必须定义在表级上，否则，既可以定义在列级，也可以定义在表级。

【例 3-4】 使用 SQL 语句创建“学生”表。

```
CREATE TABLE "STUDENT"."学生"
(
"学号" INT NOT NULL,
"姓名" VARCHAR(15) NOT NULL,
"性别" VARCHAR(3),
"出生日期" DATETIME(6),
"籍贯" VARCHAR(36),
"系号" INT,
CLUSTER PRIMARY KEY("学号"),
UNIQUE("学号")) STORAGE(ON "MAIN", CLUSTERBTR) ;
```

📖 **补充知识：**

达梦数据库的表，可以分为数据库内部表和外部表。数据库内部表由数据库管理系统自行组织管理，而外部表在数据库的外部组织，是操作系统文件。其中内部表又包括：数据库基表、HUGE 表和水平分区表。基表是最常用、最基本的表。

2. 修改表

修改表的 SQL 语句的语法如下所示。

```
ALTER TABLE<表名>
[ADD <COLUMN><新列名><数据类型>[完整性约束]]
[ADD<表级完整性约束>]
[DROP[COLUMN]<列名>[CASCADE|RESTRICT]]
[DROP CONSTERAINT<完整性约束名>[RESTRICT|CASCADE]]
[ALTER COLUNM<列名><数据类型>]
```

其中，<表名>是要修改的基本表。

ADD 子句用于增加新列、新的列级完整性约束条件和新的表级完整性约束条件。

DROP COLUMN 子句用于删除表中的列。如果指定了 CASCADE 短语，则自动删除引用了该列的其他对象，比如视图；如果指定了 RESTRICT 短语，而该列被其他对象引用时，则会拒绝删除该列。

DROP CONSTRAINT 子句用于删除指定的完整性约束条件。

ALTER COLUMN 子句用于修改原有的列定义，包括修改列名和数据类型。

【例 3-5】 向“学生”表添加“入学时间”列，其数据类型为日期型。

```
ALTER TABLE STUDENT.学生
ADD 入学时间 DATE;
```

📖 **补充知识：**

不论基本表中是否已有数据，新增列的值一律为空值。

3. 删除基本表

当表不再使用时，可以将其删除。删除表时，将产生的结果如下所示。

(1) 表的结构信息从数据字典中删除，表中的数据不可访问。

(2) 表上的所有索引和触发器被一起清除。

(3) 所有建立在该表上的同义词、视图和存储过程变为无效。

(4) 所有分配给表的簇标记为空闲，可被分配给其他的数据库对象。

一般情况下，普通用户只能删除自己模式下的表。

删除表的 SQL 语句语法如下所示。

```
DROP TABLE<表名> [RESTRICT|CASCADE];
```

若选择 RESTRICT，则该表的删除是有限制条件的。欲删除的基本表不能被其他表的约束(如 CHECK、FOREIGN KEY 等约束)所引用，也不能有视图、触发器等。

若选择 CASCADE，则该表的删除没有限制条件。在删除表的同时，相关的依赖对象(如视图)都将被一起删除。

【例 3-6】 删除“学生”表。

```
DROP TABLE STUDENT.学生  CASCADE;
```

基本表一旦被删除，不仅表中的数据和此表的定义将被删除，而且此表上建立的索引、触发器等对象也将被删除。有的关系数据库管理系统，还会同时删除在此表上建立的视图。如果要删除的基本表被其他基本表所引用，则这些表也可能被删除。因此，执行删除基本表的操作一定要格外小心。

补充知识：

不论是创建、修改还是删除表，都要求当前用户有相应的权限。

比如，要修改表，必须具有 ALTER TABLE 数据库权限。若要修改的表在其他模式中，则用户还必须具有 ALTER ANY TABLE 的数据库权限；若要删除其他模式下的表，则必须具有 DROP ANY TABLE 数据库权限。

3.2 视　　图

3.2.1 概念

视图是从一个或几个基表(视图)导出的表，它是一个虚表，即数据字典中只存放视图的定义(由视图名和查询语句组成)，而不存放对应的数据，这些数据仍存放在原来的基表中。当需要使用视图时，则执行其对应的查询语句，所导出的结果即为视图的数据。因此，当基表中的数据发生变化时，从视图中查询出的数据也随之改变，视图就像一个窗口，通过它可以看到数据库中用户感兴趣的数据和变化。由此可见，视图是关系数据库系统提供给用户，以多种角度观察数据库中数据的重要机制，展示了数据库本身最重要的特色和功能，它简化了用户数据模型，体现了数据逻辑独立性，实现了数据共享和数据的安全保密。视图是数据库技术中一个十分重要的功能。

视图一经定义，视图数据就可以像基表一样被查询，也可以在视图之上再建立视图。由于对视图数据的更新均要落实到基表上，因而，操作起来有一些限制，并不是所有的视图都允许对其数据进行修改或删除。

尽管对视图数据进行更新时有各种限制，但只要合理使用视图，就会带来很多的好处和方便。归纳起来，主要有以下几点：

(1) 简化用户操作。由于视图是从用户的实际需要中抽取出来的虚表，因此，从用户角度来观察这种数据库结构必然简单清晰。另外，由于复杂的条件查询已在视图定义中一次给定，用户再对该视图查询时也简单方便。

(2) 隐蔽数据。通过视图使数据对用户不可见。由于对不同用户可定义不同的视图，使需要隐蔽的数据不出现在不应该看到这些数据的用户视图上，从而由视图机制自动提供了对机密数据的安全保密功能。

(3) 提供一定程度的逻辑独立功能。在建立管理信息系统的过程中，由于用户需求的变化、信息量的增长等原因，经常会出现数据库结构发生变化，如增加新的基表，或在已建好的基表中增加新的列，或需要将一个基表分解成两个子表等，这些都称为数据库重构。在有些情况下，视图可以在一定程度上提供一定的隔离功能，在底层数据库结构发生变化的情况下，由于视图的隔离，用户程序也可能不需要做出改变。

3.2.2 视图的定义

视图定义一般使用 SQL 语句完成，语法如下所示。

```
CREATE [OR REPLACE] VIEW
[<模式名>.]<视图名>[(<列名> {,<列名>})]
AS <查询说明>
[WITH [LOCAL|CASCADED]CHECK OPTION]|[WITH READ ONLY];
<查询说明>::=<表查询> | <表连接> <表查询>::=<子查询表达式>[ORDER BY 子句]
```

具体参数如下：

(1) <模式名>指明被创建的视图属于哪个模式，缺省值为当前模式。

(2) <视图名>指明被创建视图的名称。

(3) <列名>指明被创建视图中列的名称。

(4) <子查询表达式>标识视图所基于的表的行和列，其语法遵照 SELECT 语句的语法规则。

(5) <表连接>请参见第 5 章连接查询部分。

(6) WITH CHECK OPTION 选项用于可更新视图。往该视图中 INSERT 或 UPDATE 数据时，插入行或更新行的数据必须满足视图定义中<查询说明>所指定的条件。如果不带该选项，则插入行或更新行的数据，不必满足视图定义中<查询说明>所指定的条件。

(7) [LOCAL|CASCADED] 用于当前视图是根据另一个视图定义的情况。当通过视图向基表中 INSERT 或 UPDATE 数据时，LOCAL|CASCADED 决定了满足 CHECK 条

件的范围。指定 LOCAL，要求数据必须满足当前视图定义中<查询说明>所指定的条件；指定 CASCADED，数据必须满足当前视图，以及所有相关视图定义中<查询说明>所指定的条件。

(8) WITH READ ONLY 指明该视图是只读视图，只可以查询，不可以做其他更新操作。如果不带该选项，则 DM 自身判断视图是否可更新。

【例 3-7】 创建“湖南籍学生”视图。

```
CREATE VIEW 湖南籍学生
AS
SELECT *
FROM STUDENT.学生
WHERE 籍贯='湖南';
```

📖补充知识：

若确定同一模式下，没有同名视图时，只写 CREATE VIEW 即可；若确定同一模式下，以及存在同名的视图，可以不写 CREATE，写 REPLACE VIEW，此时，实现更新视图定义的功能。

若想实现没有同名视图时，创建新视图；有同名视图时，更新视图定义，这时，可以写 CREATE OR REPLACE VIEW。

3.2.3　视图数据的查询

视图一旦定义成功，对基表的所有查询操作都可用于视图。对于用户来说，视图的查询也和基表的查询类似。

【例 3-8】 查询“湖南籍学生”视图的姓名。

```
SELECT 姓名 FROM 湖南籍学生;
```

执行成功后，出现如图 3-7 所示的结果集。

图 3-7　查询视图的结果

3.2.4　视图数据的更新

视图定义后，对视图的查询没有限制，可以像对表一样进行操作。但是，视图数据的更新操作受到限制。视图数据的更新包括插入(INSERT)、删除(DELETE)和修改(UPDATE)三类操作。由于视图是虚表，并没有实际存放数据，因此，对视图的更新操作均要转换成对基表的操作。

概括起来，视图数据是否可更新的基本规则如下所示。

(1) 若视图是基于多个表使用连接操作而产生的，那么对这个视图执行更新操作时，每次只能影响其中的一个表。

(2) 若视图导出时包含有分组和聚合操作，则不允许对这个视图执行更新操作。

(3) 若视图是从一个表经选择、投影而导出，并在视图中包含了表的主键或某个候选键，这类视图称为“行列子集视图”，对这类视图可执行更新操作。

如果在定义可更新视图时加上 WITH CHECK OPTION 短语，表示在视图进行数据更新的语句，都必须符合由 SELECT 查询语句所设置的准则。

在 SQL 语言中，更新视图数据语句的语法，与更新基表数据语句的语法是一致的。

【例 3-9】 将“湖南籍学生”中的“李芳”改为“李娜”。

```
UPDATE 湖南籍学生
SET 姓名='李娜'
WHERE 姓名='李芳';
```

执行完成后，使用

```
SELECT 姓名 FROM 湖南籍学生;
```

语句进行验证，出现如图 3-8 所示的结果集。

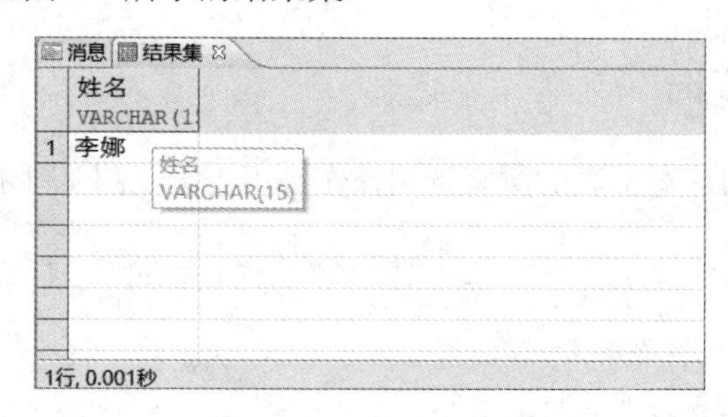

图 3-8 视图数据的更新

3.2.5 视图的删除

一个视图本质上是基于其他基表或视图上的查询，这种对象间的关系称为依赖。用户在创建视图成功后，系统还隐式地建立了相应对象间的依赖关系。在一般情况下，当一个视图不被其他对象依赖且不再需要时，可以随时删除它。

删除视图的 SQL 语句，语法如下所示。

```
DROP VIEW [<模式名>.]<视图名> [RESTRICT | CASCADE];
```

参数如下：

(1) <模式名> 指明被删除视图所属的模式，缺省为当前模式。

(2) <视图名> 指明被删除视图的名称。

删除视图的注意事项如下：

(1) 视图删除有两种方式：RESTRICT 方式和 CASCADE 方式。其中，RESTRICT 为缺省方式。当设置 dm.ini 中的参数 DROP_CASCADE_VIEW 值为 1 时，如果在该视图上建有其他视图，必须使用 CASCADE 参数才可以删除所有建立在该视图上的视图，否则，删除视图的操作不会成功；当设置 dm.ini 中的参数 DROP_CASCADE_VIEW 值为 0 时，RESTRICT 和 CASCADE 方式都会成功，且只会删除当前视图，不会删除建立在该视图上的视图。

(2) 如果没有删除参考视图的权限，那么两个视图都不会被删除。

(3) 视图删除后，用户在其上的权限自动取消，以后系统中再建的同名视图，与被删除的视图毫无关系。

【例 3-10】 “湖南籍学生”视图的删除。

```
DROP VIEW 湖南籍学生;
```

3.3　物化视图

3.3.1　物化视图的概念

前面所讲的视图属于普通视图，是不存储任何数据的，在查询中转换为对应的 SQL 语句去查询。

定义视图的 SELECT 语句若进行了复杂的关联或者耗时的运算，则查询视图数据的性能就会比较弱。因此，一些 DBMS 支持将视图定义中 SELECT 语句的查询结果存储起来，在查询视图时，返回这些被存储的结果。由于这种视图中的数据被真实存储起来了，因此这种视图被称为物化视图(Materialized View)。

同传统的视图相比，物化视图存储了导出表的真实数据。物化视图的优点在于：它预先计算并保存表连接或聚集等耗时较多的操作结果，在执行查询时，就可以避免进行这些耗时的操作，从而快速得到结果。但是当基表中的数据发生变化时，物化视图所存储的数据将变得陈旧，用户可以通过手动刷新或自动刷新来对数据进行同步。因此，物化视图定义时，必须明确更新数据的时机。

概括而言，DBMS 对物化视图提供不同的策略：定时刷新还是即时刷新，增量刷新还是全局刷新等，可以根据实际情况进行选择。

在选择是否使用物化视图时，需要在存储空间、性能、控制复杂性等方面进行综合考虑。

注意：

“视图是一个虚表”的表述针对的是传统的视图，不适用于物化视图。

3.3.2　物化视图的定义

物化视图的定义较传统视图而言复杂一些，其 SQL 语句的一般格式如下所示。

```
CREATE MATERIALIZED VIEW [<模式名>.]<物化视图名>
[(<列名>{,<列名>})]
```

```
[BUILD IMMEDIATE|BUILD DEFERRED]
[<STORAGE 子句>]
[<物化视图刷新选项>][<查询改写选项>]
AS<查询说明>
```

其中，<STORAGE 子句>用于明确存储选项，通常不进行指定；<查询说明>分为“<子查询表达式>[ORDER BY 子句]”与“<表连接>”两种形式；<物化视图刷新选项>用于明确刷新模式、刷新时机等设置；<查询改写选项>用于明确物化视图是否允许用于查询改写。

下面对主要参数进行说明。

(1) <模式名>指明被创建的视图属于哪个模式，缺省为当前模式。

(2) <物化视图名>指明被创建的物化视图的名称。

(3) <列名>指明被创建的物化视图中列的名称。

(4) [BUILD IMMEDIATE|BUILD DEFERRED] 指明 BUILD IMMEDIATE 为立即填充数据，默认为立即填充；BUILD DEFERRED 为延迟填充，使用这种方式要求第一次刷新必须为 COMPLETE 完全刷新。

(5) <子查询表达式> 标识物化视图所基于的表的行和列。其语法遵照 SELECT 语句的语法规则；可选的 ORDER BY 子句仅在创建物化视图时使用，此后 ORDER BY 被忽略。

(6) <表连接> 请参见第 5 章连接查询部分。

(7) 刷新模式可取的值及其含义如下：

① FAST：根据相关表上的数据更改记录，进行增量刷新。普通 DML 操作生成的记录存在于物化视图日志中。在使用 FAST 刷新之前，必须先建好物化视图日志。

② COMPLETE：通过执行物化视图的定义脚本进行完全刷新。

③ FORCE：默认选项。当快速刷新可用时采用快速刷新，否则采用完全刷新。

(8) 刷新时机可取的值及其含义如下：

① ON COMMIT：在提交相关表的视图时进行快速刷新。刷新是由异步线程执行的，因此 COMMIT 执行结束后可能需要等待一段时间物化视图数据才是最新的。

② START WITH…NEXT：START WITH 用于指定首次刷新物化视图的时间，NEXT 指定自动刷新的间隔。如果省略 START WITH，则首次刷新时间为当前时间加上 NEXT 指定的间隔；如果指定 START WITH，省略 NEXT，则物化视图只会刷新一次；如果二者都未指定，物化视图不会自动刷新。

③ ON DEMAND：由用户通过 REFRESH 语法进行手动刷新。

④ NEVER REFRESH：物化视图从不进行刷新。可以通过 ALTER MATERALIZED VIEW <物化视图名> FRESH 进行更改。

对于初学者来说，上述内容可能过于复杂。复杂的根本原因在于：物化视图的基表的数据会变化，在定义物化视图时必须要明确在什么时机、以什么方式更新其存储的数据。感兴趣的读者，可以查阅“DM SQL 语言使用手册”，并通过逐步增加选项设置的方式进行操作验证。

下面用一个例子来说明物化视图与视图的区别。

【例 3-11】 建立物化视图“男生”。

```
CREATE MATERIALIZED VIEW 男生
```

```
AS
SELECT *
FROM STUDENT.学生
WHERE 性别='男';
```

成功执行上述步骤后，就可以得到一个物化视图“男生”。下面一起来观察物化视图数据的变化。

(1) 执行下述 SQL 语句，查看物化视图“男生”中的数据。

```
SELECT * FROM 男生;
```

出现如图 3-9 所示的结果。

消息 | 结果集

	学号 INT	姓名 VARCHAR(1	性别 VARCHAR(3	出生日期 DATETIME(	籍贯 VARCHAR(3	系号 INT
1	2013002	张强	男	1994-11...	陕西	6002
2	2013003	赵东方	男	1993-03...	河南	6003
3	2013004	王启	男	1997-08...	山西	6001
4	2013005	李平	男	1995-04...	陕西	6001
5	2013006	孙杨刚	男	1996-01...	新疆	6004

5行, 0.012秒

图 3-9　物化视图的建立

(2) 执行下述 SQL 语句，修改“学生”表中的数据，将张强的性别改为“女”。

```
UPDATE STUDENT.学生
SET 性别='女'
WHERE 姓名='张强';
```

(3) 执行下述 SQL 语句，查看物化视图“男生”中的数据。

```
SELECT * FROM 男生;
```

会发现物化视图中的数据并没有变化。

可见，物化视图的数据已经与其来源基表的数据不一致了。在未达到更新时机时，物化视图的数据并不会随着基表的变化而变化。

3.3.3　物化视图的修改与删除

物化视图的其余操作与视图的操作类似，但在 DM 管理工具中，有其自身的 SQL 语句格式，下面逐一进行介绍。

(1) 修改物化视图的语法如下：

```
ALTERMATERIALIZED VIEW [<模式名>.]<物化视图名>
[<物化视图刷新选项>]
[<查询改写选项>];
```

其中，各参数说明如下：

<物化视图刷新选项>和<查询改写选项>参见 3.3.2 节“物化视图的定义”。

【例 3-12】 修改物化视图“男生”，使其可以用于查询改写。

```
ALTERMATERIALIZED VIEW 男生 ENABLE QUERY REWRITE;
```

(2) 删除物化视图的语法如下：

```
DROP MATERIALIZED VIEW [<模式名>.]<物化视图名>;
```

其中，各参数说明如下：

① <模式名> 指明被删除视图所属的模式，缺省为当前模式。

② <物化视图名> 指明被删除物化视图的名称。

【例 3-13】 删除物化视图“男生”。

```
DROP MATERIALIZED VIEW 男生;
```

3.3.4 物化视图数据的更新

对于更新选项设置为“ON DEMAND”“START WITH … NEXT”的物化视图而言，在需要更新视图数据时，相应的语法如下：

```
REFRESH MATERIALIZED VIEW [<模式名>.] <物化视图名> [FAST|COMPLETE|FORCE];
```

【例 3-14】 采用 COMPLETE 方式刷新物化视图“男生”。

```
REFRESH MATERIALIZED VIEW 男生 COMPLETE;
```

对于更新选项设置为“NEVER REFRESH”的物化视图而言，在需要更新视图数据时，相应的语法如下：

```
ALTERMATERALIZED VIEW <物化视图名> FRESH;
```

该语法实际是修改物化视图的定义，并进行重建，从而实现物化视图数据的更新。其他选项的物化视图，也可以通过此方式实现数据更新。

【例 3-15】 采用 ALTER MATERALIZED VIEW 方式刷新物化视图“男生”。

```
ALTERMATERALIZED VIEW 男生 FRESH;
```

思 考 题

1. 请写出使用 SQL 语句创建数据表的例子。
2. 请写出使用 SQL 语句删除数据表的例子。
3. 请说明视图的概念，说明其作用。
4. 请写出创建视图、删除视图的 SQL 语句。
5. 请说明物化视图的概念。

第 4 章　数据维护

主要目标：

- 掌握 INSERT、UPDATE、DELETE 语句的基本用法。
- 知道 MERGE INTO 语句的用法。
- 掌握 TRUNCATE 的用法，理解 DELETE 与 TRUNCATE 的区别。
- 学会进行数据插入、修改、删除的操作。
- 了解数据迁移的作用及基本操作。

数据维护是数据库管理基础的操作，是实现数据存储的基本途径，数据维护通常指在表结构已经确定、视图已经定义的条件下，对数据进行的增加、删除、修改等操作。从语法上来讲，视图数据维护与基本表数据维护的语法是一致的。另外，在实际工作中，有时采用其他方式录入数据，此时需要进行数据导入操作；有时需要将数据库中的数据转换成其他格式文件中的数据，这时就需要进行数据导出操作。本章介绍与数据维护相关的语法与操作。

“数据增删改”是数据增加(插入)、删除和修改操作的简称。如果和查询合并在一起，通常简称为“数据增删改查”。数据增加、删除、修改、查询是数据库管理系统的基本功能，可以通过图形化操作，或者使用 SQL 语句来实现。

4.1　数据插入

数据插入语句用于在已经定义的表中插入单条或成批记录，有两种形式：一种形式是值插入，即指定一条记录或多条记录的具体值，并将它们插入到表中；另一种形式是通过查询结果插入，即通过一个查询返回的结果将记录插入到表中。

4.1.1　直接插入记录值

插入记录使用 INSERT 语句，语法如下：

```
INSERT INTO <模式名>.<表名>(<属性 1>,<属性 2>,…, <属性 n>)
VALUES(<值 1>,<值 2>,…, <值 n>);
```

新记录的属性 1 的值为值 1，属性 2 的值为值 2，以此类推。

对于 INTO 子句中没有出现的属性，新记录在这些列上将取空值。

如果 INTO 子句中没有指明任何属性，则新插入的记录必须在每个属性上均有值，而且新插入记录的字段值必须与字段列表顺序和数据类型一致。

【例 4-1】 在课程表中插入课程名为“计算机程序设计”的记录。

```
INSERT INTO STUDENT.课程(课程号,课程名,学分)
VALUES (1005,'计算机程序设计',3);
```

也可省略属性名：

```
INSERT INTO STUDENT.课程
VALUES (1005,'计算机程序设计',3);
```

注意：

(1) 使用 VALUES 子句对记录的各属性赋值，字符串常量要用半角符号的单引号，字段值列表用半角括号括起来。

(2) 在表定义时指定 NOT NULL 属性的值不能取空值，否则报错。注：自增列除外。

注意：

使用数据操作语言进行记录的插入、修改和删除时，为了将表数据的改变保存到数据库中，应进行提交，其方法有如下几种。

(1) 在相应语句后书写“COMMIT”。

(2) 点击 DM 管理工具中带有绿色对钩的桶状物图标()。

(3) 在 DM 管理工具的选项中设置“是否自动提交”为选中状态。本书其余 DM 语句都省略“COMMIT;”。

插入记录还可以通过图形化界面进行。打开课程表，直接在表中输入对应的属性值，如图 4-1 所示，之后单击鼠标右键，选择“保存”完成一条记录的插入。

	课程号 INT	课程名 VARCHAR(	学分 INT
1	1001	数学	5
2	1002	英语	5
3	1003	物理	3
4	1004	管理学	2
5	1005	计算...设计	3
*	<!NOT NUl	<!NULL>	<!NULL>

图 4-1　课程表

插入记录时，也可以一次插入多条记录的值。

【例 4-2】 在学生表中插入多条记录。

```
INSERT INTO STUDENT.学生(学号,姓名,性别,出生日期, 籍贯,学院编号)
VALUES
(2013007,'李强','男','1996-01-06','山东',6001),
(2013007,'李武','男','1996-09-06', '山东',6001);
```

对应的图形化操作为：打开 STUDENT 模式下的学生表，输入多条记录，点击右键，选择“保存”，即可完成多条记录数据的插入。

4.1.2 插入查询结果值

插入查询结果(数据查询的知识详见第 5 章)的 INSERT 语句的格式如下：

```
INSERT INTO <模式名>.<表名>(<列名 1>,<列名 2>,…,<列名 n>)
SELECT <列名 1>,<列名 2>,…,<列名 n>
FROM 源数据表名
[WHERE 条件];
```

【例 4-3】 新建一个“男学生”表，与学生表的结构相同，把学生表中所有男生的记录插入该表中。

```
INSERT INTO STUDENT.男学生
SELECT *
FROM STUDENT.学生
WHERE 性别='男';
```

注意：

使用 INSERT INTO 语句时，必须保证两个表的结构是一致的。

4.2 数 据 修 改

数据修改是指修改表中已经存在的记录。其语句格式如下：

```
UPDATE   模式.<表名>
SET <列名 1>=|<表达式 1>[,<列名 2>=<表达式 2>,…,<列名 n>=<表达式 n>]
[WHERE <条件表达式>];
```

其功能是修改表中满足 WHERE 子句条件的记录的值。其中，SET 子句给出<表达式>的值，用于取代相应的属性值。

如果省略 WHERE 子句，则表示要修改表中的所有记录。

(1) 修改某一记录的值。

【例 4-4】 在学生表中将李芳的学号改为 2014001，系号改为 6002。

```
UPDATE STUDENT.学生
SET 学号=2014001, 系号=6002
WHERE 姓名='李芳';
```

(2) 修改多个记录的值。

【例 4-5】 给所有课程的学分值统一加 1。

```
UPDATE   STUDENT.课程
SET 学分=学分+1;
```

修改记录的图形化操作请参照 4.1 节，此处就不再赘述了。

4.3 数据删除

如果用户想删除无用的记录，则可以用 DELETE 语句来实现，其语句格式如下：

```
DELETE
FROM <表名>
[WHERE <条件表达式>];
```

其功能是从指定表中删除 WHERE 子句条件的所有记录。如果省略 WHERE 子句，则表示删除表中的全部记录。

【例 4-6】 在学生表中，删除学号为 13001 的行。

```
DELETE
FROM STUDENT.学生
WHERE 学号=13001;
```

【例 4-7】 删除系号为 6001 的学生的选课记录。

```
DELETE
FROM STUDENT.选修
WHERE 学号 IN
(SELECT d.学号
FROM 学生 c, 选修 d
WHERE c.学号 = d.学号 AND c.系号=6001);
```

【例 4-8】 删除 STUDENT 模式下 T 表中的所有数据。这条语句将使表 T 成为空表。

```
DELETE
FROM STUDENT.T;
```

补充知识：

DELETE 语句一次只能删除一个表中的数据，因此当两个表存在主从关系时，一般先删除子表中的数据，再删除主表中的数据。

4.4 用查询结果建表

在达梦数据库中可以用 CTEATE TABLE AS 来创建与 SELECT 语句结果相同的表结构，并填充数据。

【例 4-9】 查询所有男同学的信息并把它插入临时表中。

```
CREATE TABLE STUDENT.T 男生 AS
SELECT *
FROM STUDENT.学生
WHERE 性别='男';
```

注意：

上面的语句要求“T男生”表事先不存在，并且当前用户有创建表的权限。

上面的语句执行成功后，会创建“T男生”表，其表结构与SELECT语句的结果对应的表结构相同，并且表中填充了SELECT语句得到的结果。该表中的数据可以使用如下语句进行查询(查询结果如图4-2所示)。

```
SELECT * FROM STUDENT.T 男生;
```

	学号 INT	姓名 VARCHAR(1	性别 VARCHAR(3	出生日期 DATETIME(	籍贯 VARCHAR(3	系号 INT
1	2013002	张强	男	1994-11...	陕西	6002
2	2013003	赵东方	男	1993-03...	河南	6003
3	2013004	王启	男	1997-08...	山西	6001
4	2013005	李平	男	1995-04...	陕西	6001
5	2013006	孙阳刚	男	1995-01...	新疆	6004

图4-2 用CREATE TABLE AS创建的表

补充知识：

在SQL SERVER中实现类似目的，使用的语句如下：

```
SELECT *
FROM STUDENT.学生
INTO STUDENT.T 男生
WHERE 性别='男';
```

在FROM子句后加上INTO子句，用于由实现查询结果创建表并填充数据。

4.5 数据合并

DM提供了MERGE语句，用于实现两个表数据的合并。它根据与源表连接的结果，对目标表进行插入、更新或删除操作。例如，根据一张表的连接条件对另外一张表进行查询，连接条件匹配的进行更新或删除，无法匹配的执行插入。这种方法可以对两个表进行信息同步操作。

MERGE语句格式如下：

```
MERGE INTO<目标表名>
USING<源表名>ON (<条件表达式>)
WHEN MATCHED THEN { UPDATE SET ...|DELETE ...}
WHEN NOT MATCHED THEN INSERT (...) VALUES(...);
```

其中，各参数说明如下：

(1) USING子句：用于指定更新行的源数据表。

(2) ON子句：用于指定源表与目标表进行连接时所遵循的条件。如果目标表有匹配连接条件的记录，则更新该记录；如果没有匹配到，则插入源表数据。

(3) WHEN MATCHED 子句：这个子句表示在应用了 ON 子句的条件后，目标存在与源表匹配的行时，对这些行在 THEN 子句中指定修改或删除操作。其中 THEN 子句中，UPDATE SET 用于修改满足条件的行，DELETE 用于删除满足条件的行。

(4) WHEN NOT MATCHED 子句：指定源表中满足了 ON 子句的条件的每一行，如果该行与目标表中的行不匹配，则向目标表中插入这条记录。要插入的属性在 THEN 关键字后的 INSERT 语句中指定。

具体应用中，有多种典型用法，下面举例说明。

(1) 省略 INSERT 部分。

【例 4-10】 对课程表以课程号字段作为关联更新课程名。

目标表——课程表如下：

课程号	课程名	学分
1001	数学	5
1002	英语	5
1003	物理	2
1004	管理学	2

源表——课程 1 表如下：

课程号	课程名	学分
1001	数学	5
1002	英语	5
1003	物理	2
1004	管理工程	2
1005	程序设计	3

使用语句如下：

```
MERGE INTO 课程  r1
USING  课程 1  r2
ON(r1.课程号=r2.课程号)
WHEN MATCHED THEN UPDATE SET  r1.课程名称= r2.课程名称
```

更新后课程表如下：

课程号	课程名	学分
1001	数学	5
1002	英语	5
1003	物理	2
1004	管理工程	2【更新后的记录】

(2) 省略 UPDATE 部分。

【例 4-11】 将例 4-10 中课程 1 表(源表)的数据添加到课程表(目标表)中，添加条件是课程号列不相同的记录。

使用语句如下：

```
MERGE INTO 课程  r1
USING  课程 1  r2
```

```
ON(r1.课程号=r2.课程号)
WHEN   NOT   MATCHED THEN
INSERT VALUES (r2.课程号,r2.课程名,r2.学分);
```

更新后课程表如下：

课程号	课程名	学分
1001	数学	5
1002	英语	5
1003	物理	2
1004	管理工程	2
1005	程序设计	3【新插入的记录】

(3) 带限定条件的 UPDATE 和 INSERT 子句。

UPDATE、INSERT 子句可以一起使用，还可以指定限制条件，对于满足限制条件的才执行 UPDATE 或 INSERT，相关操作可以查阅 DM SQL 语言使用手册。

4.6 数据清空

如果需要清空一个表中的所有数据，可以使用 DELETE 语句，语句格式如下：

```
DELETE   FROM   <表名>;
```

由于该语句没有使用 WHERE 子句，也就意味着对要删除的记录不加任何限制，因此表中所有的记录都会被删除，实现了清空表中数据的目的。

还有一个语句可以用于清空一个表中的所有记录，其语句格式如下：

```
TRUNCATE   TABLE   <表名>;
```

TRUNCATE TABLE 在功能上与不带 WHERE 子句的 DELETE 语句相同，但 TRUNCATE TABLE 执行的速度比 DELETE 快，而且此操作不可回退。

补充知识：

若 TRUNCATE 要清空的表上有被引用关系，则此语句会执行失败。不管使用 DELETE 语句，还是 TRUNCATE TABLE 语句，删除的是表中的记录，表结构还在。要删除一个表(连同结构与数据)，需要使用 DROP TABLE 语句。

4.7 数据迁移

在数据库运行过程中，为保证数据的安全性，常进行数据的备份和还原操作。除了对数据库进行整体备份和还原以外，还可以进行数据迁移。

达梦数据库支持的数据导入/导出方式有：达梦数据库不同版本间的数据迁移，常见的其他数据库迁移至达梦数据库，达梦数据库迁移至 Oracle、SQL Server、MySQL 等数据库，达梦数据库支持的文件形式导入/导出数据库。达梦数据库常见的数据导出形式有 txt 文本文件、Excel 电子表格文件、XML 文件、SQL 文件等。

DM8 中提供了多种图形化以及命令行的工具来满足数据筛选和迁移的要求。其中，数据迁移工具是图形化工具，通过此工具可以很方便地完成数据导入/导出功能。

打开 DM 数据迁移工具，新建迁移管理工程，如图 4-3 所示。

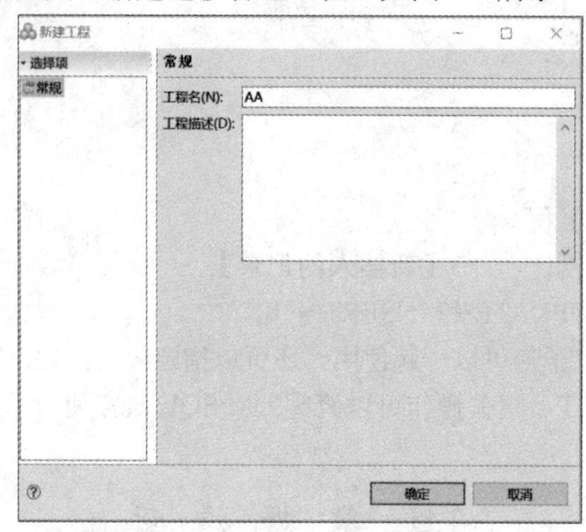

图 4-3　新建工程界面

新建迁移名称“TestStudent”，下一步选择迁移方式。DM8 提供的迁移方式有以下几类：

(1) 达梦数据库之间的迁移。

(2) 其他数据库迁移到达梦。

(3) 达梦迁移到其他数据库。

(4) 文件迁移到达梦。

(5) 达梦迁移到文件。

下面举例说明使用数据迁移工具导出数据、导入数据。

(1) 新建迁移工程 AA，选择迁移方式，如图 4-4 所示。

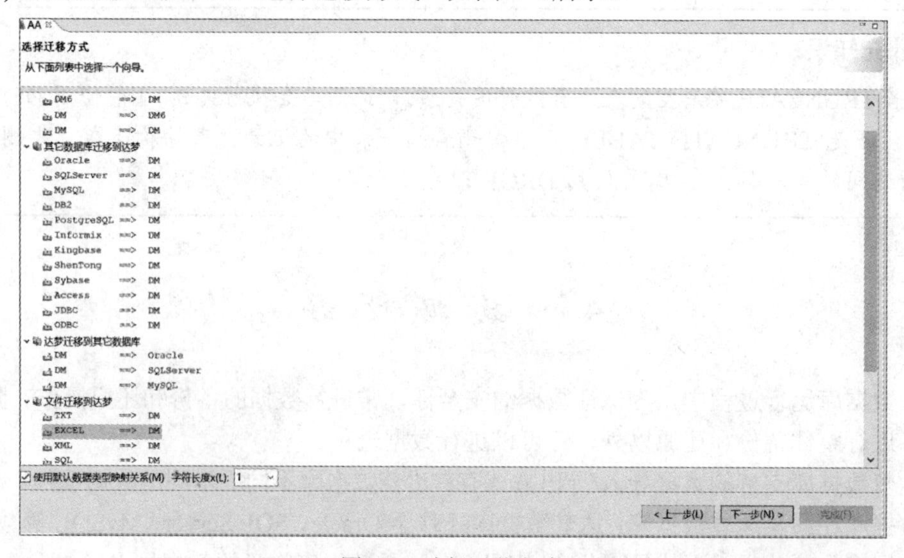

图 4-4　选择迁移方式

(2) 下面举例说明文件迁移至 DM 数据库的步骤。

① 迁移方式选择“Excel==>DM8”。

② 选取要导入的 Excel 文件，图 4-5 所示为导入“教师表.xlsx”到模式 STUDENT，点击“下一步”按钮。

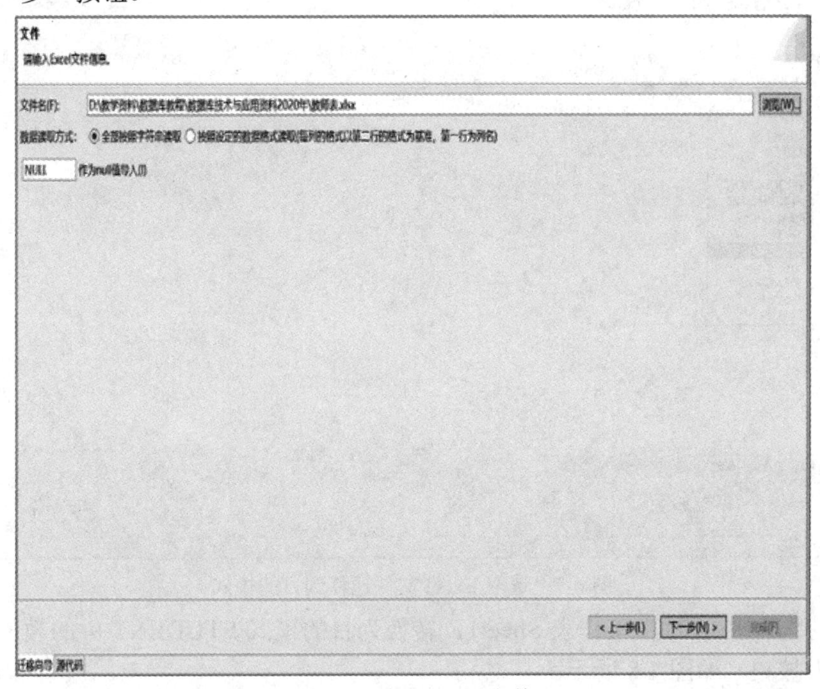

图 4-5　选取 Excel 文件

③ 填写目的端数据库的 IP、端口、用户名、口令等，如图 4-6 所示。

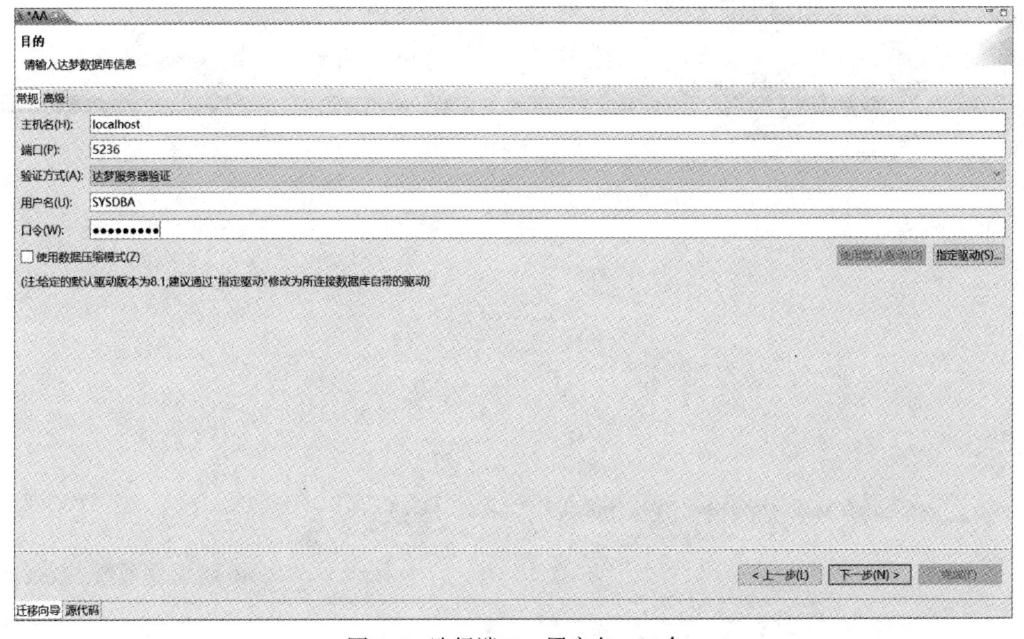

图 4-6　选择端口、用户名、口令

④ 选择所选的 Excel 文件要迁移到的目的模式，点击“下一步”按钮，如图 4-7 所示。

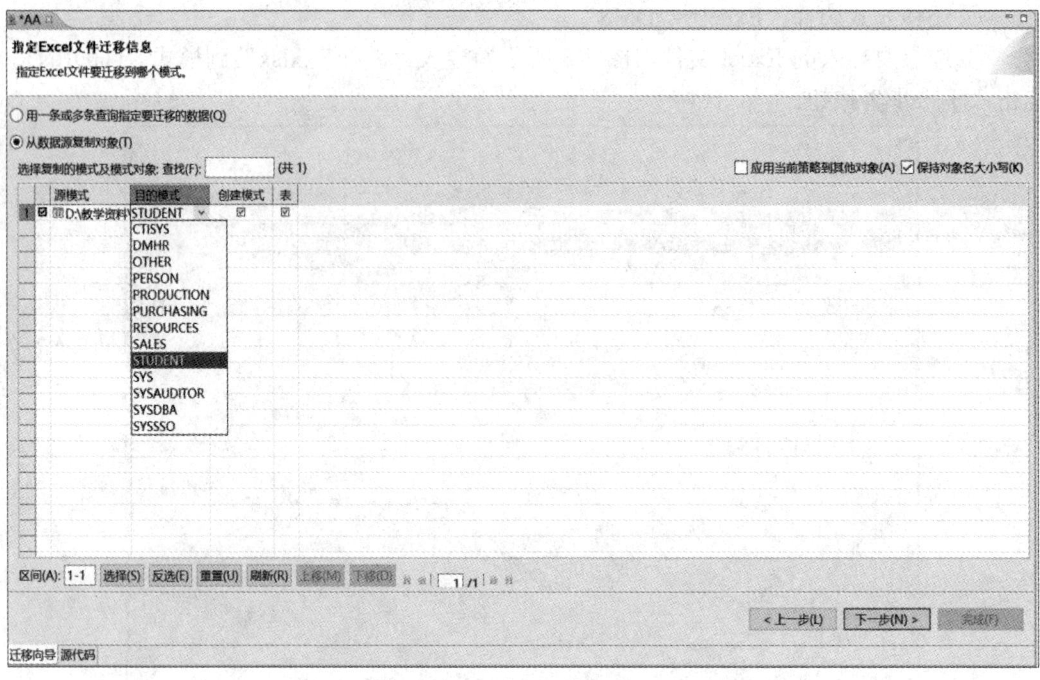

图 4-7　选取 Excel 文件迁移到目的模式

⑤ 选择 Excel 文件中工作表 Sheet1，转换为目的模式 STUDENT 中的教师表。点击“下一步”按钮，如图 4-8 所示。

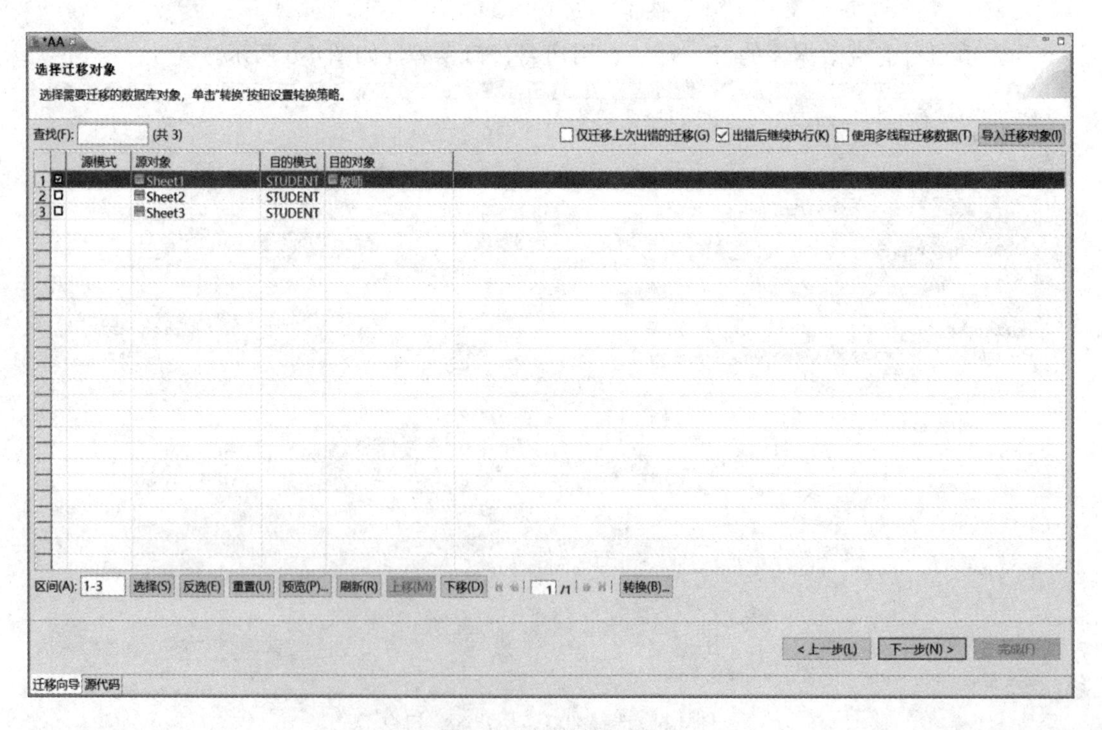

图 4-8　选择迁移对象

⑥ 审阅迁移任务，点击“完成”按钮完成迁移任务，如图 4-9 所示。

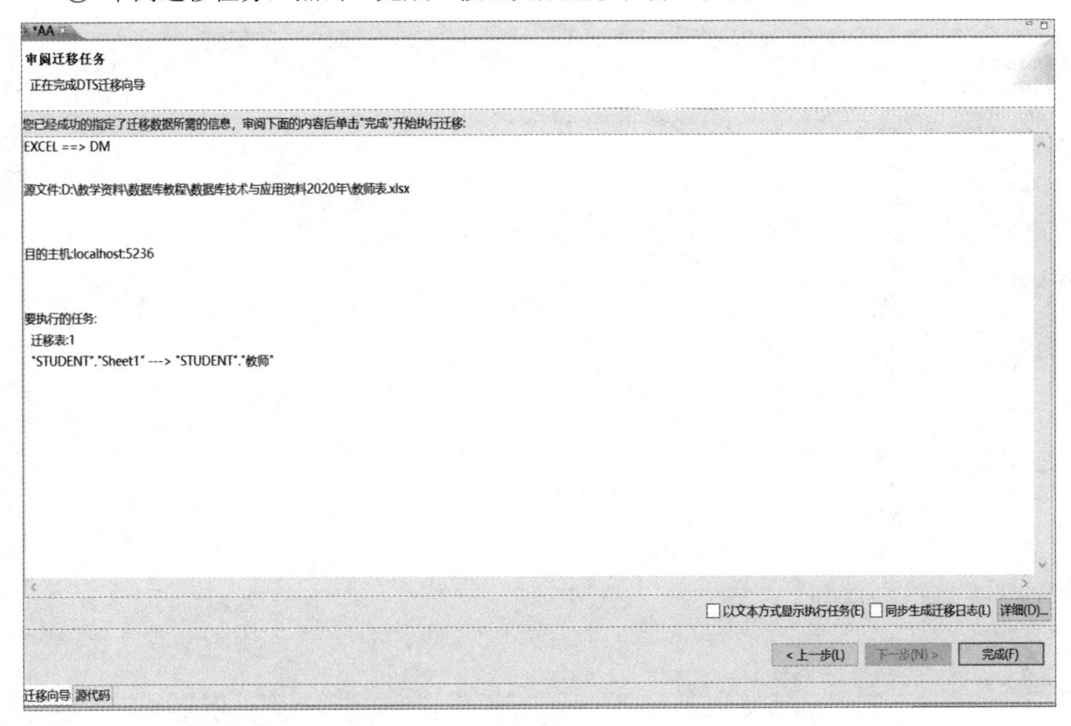

图 4-9　审阅迁移任务

⑦ 显示迁移是否成功，如图 4-10 所示。

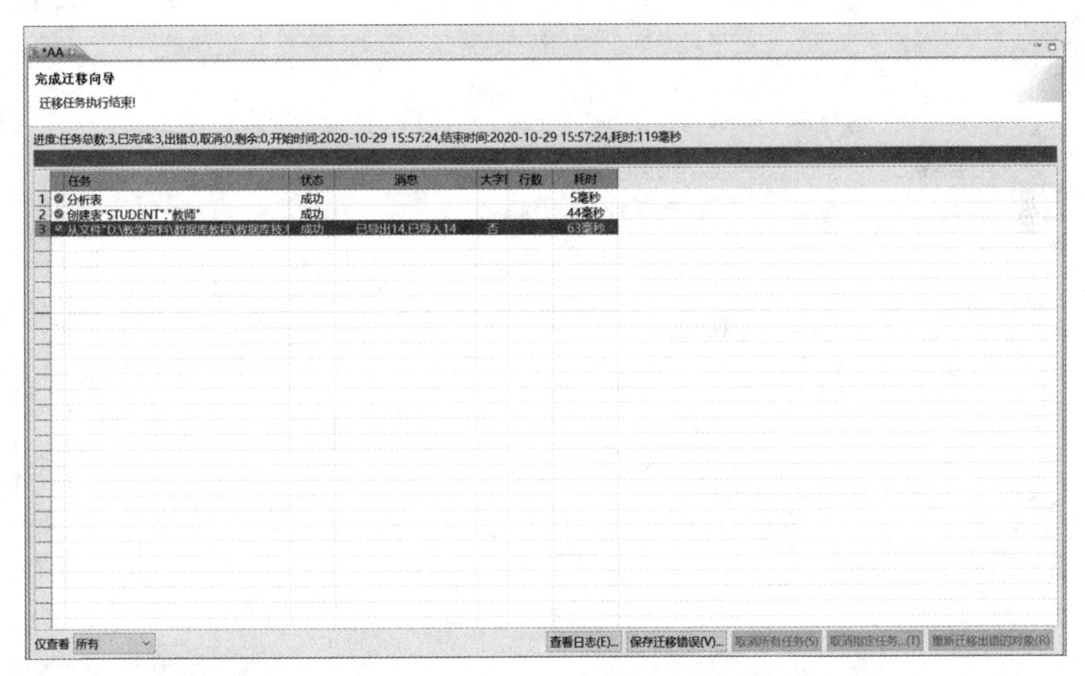

图 4-10　显示迁移是否成功

(3) 新建迁移工程 AA，选择迁移方式，本例选择 DM 文件到 Excel，即导出文件。

① 选择迁移方式“DM==>Excel”，点击“下一步”，如图 4-11 所示。

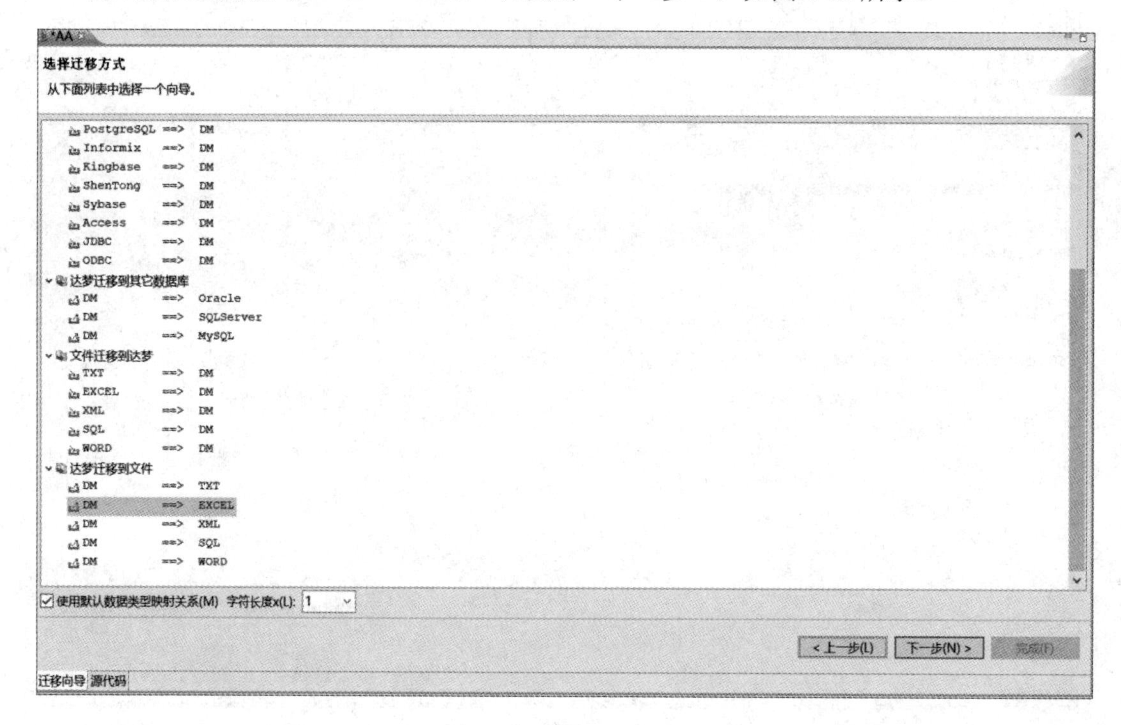

图 4-11　选择迁移方式

② 选择“数据源”，点击“下一步”，如图 4-12 所示。

图 4-12　选择数据源

③ 选择导出数据库到 Excel 文件的方式，本例选择每张表使用单独的 Excel 文件，点击“下一步”，如图 4-13 所示。

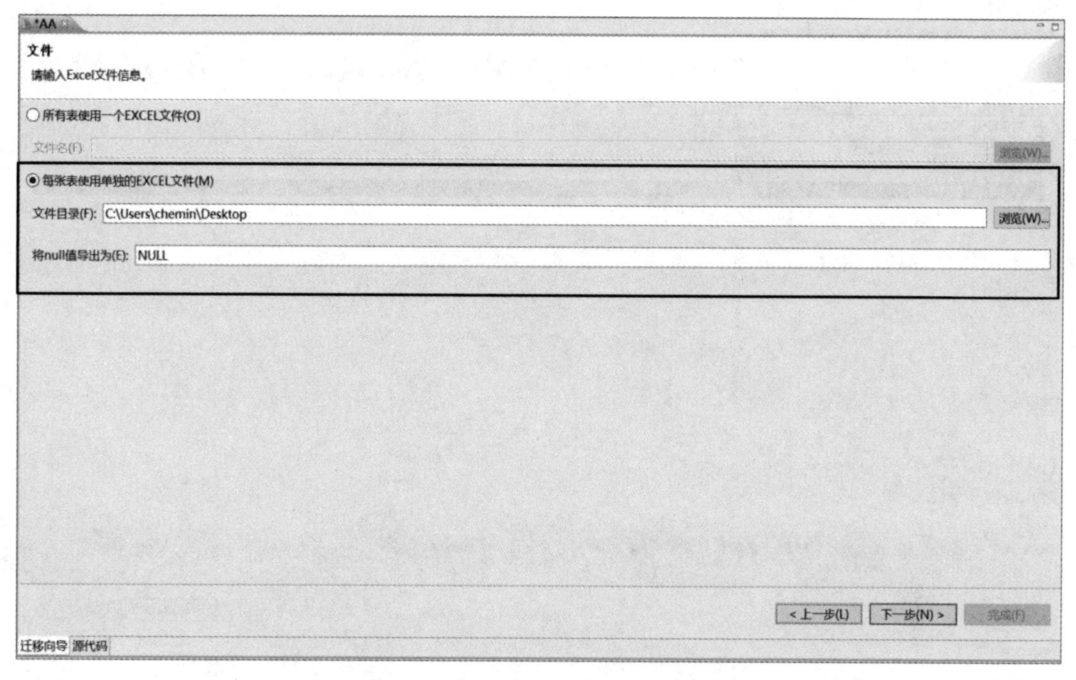

图 4-13　选择数据库对象转换方式

④ 指定源模式及模式对象到 Excel 表，点击“下一步”，如图 4-14 所示。

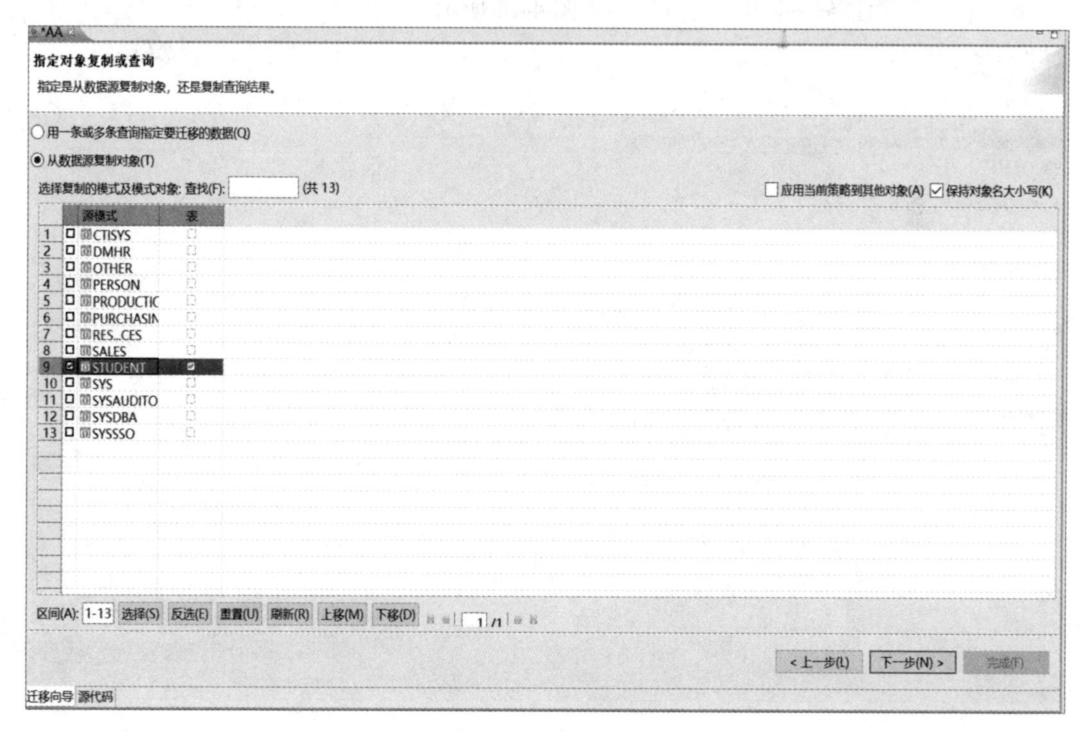

图 4-14　选择模式对象

⑤ 选择迁移对象，点击“下一步”，如图 4-15 所示。

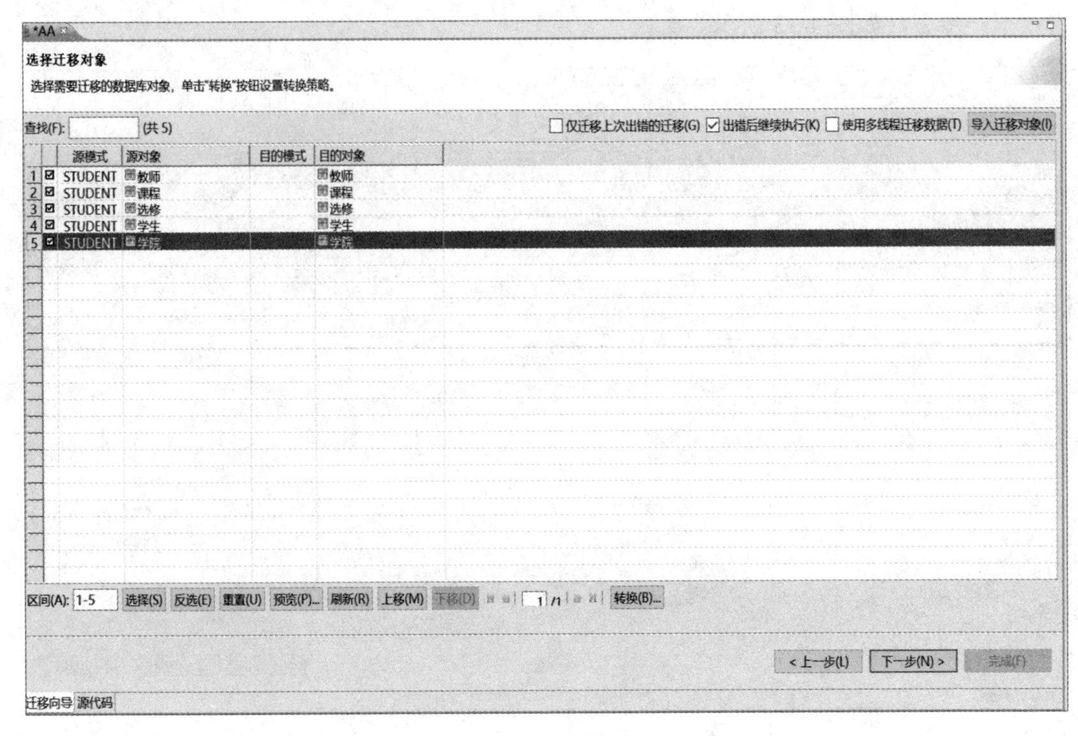

图 4-15　选择迁移对象

⑥ 审阅迁移任务，点击“完成”，如图 4-16 所示。

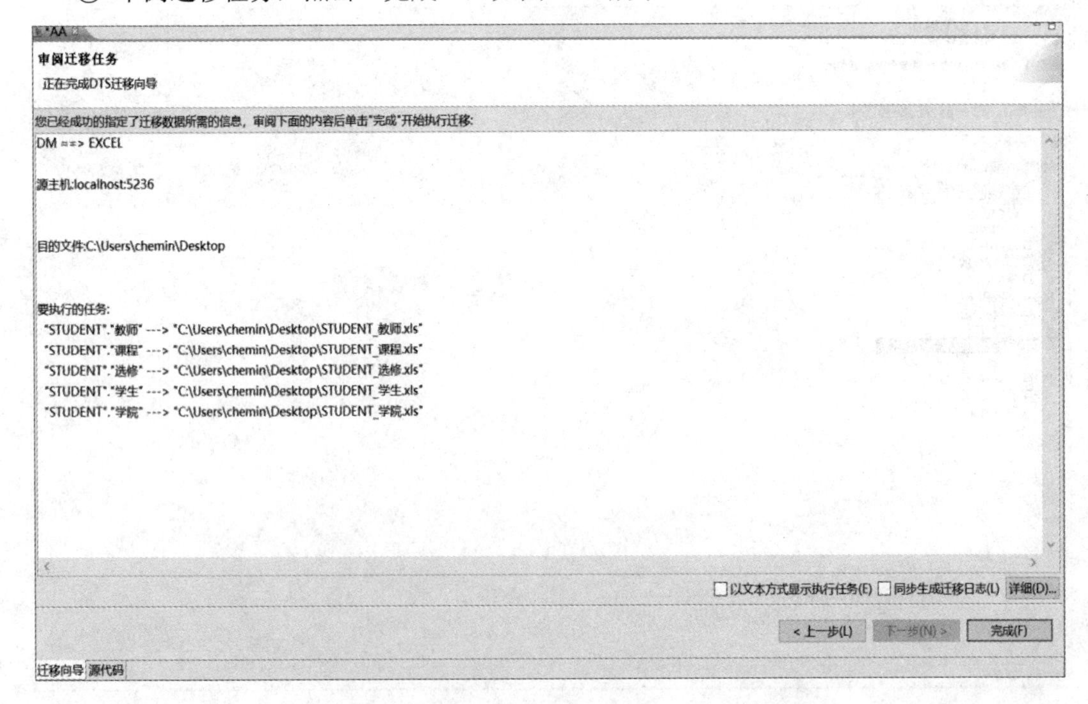

图 4-16　审阅迁移任务

⑦ 显示导出是否成功，如图 4-17 所示。

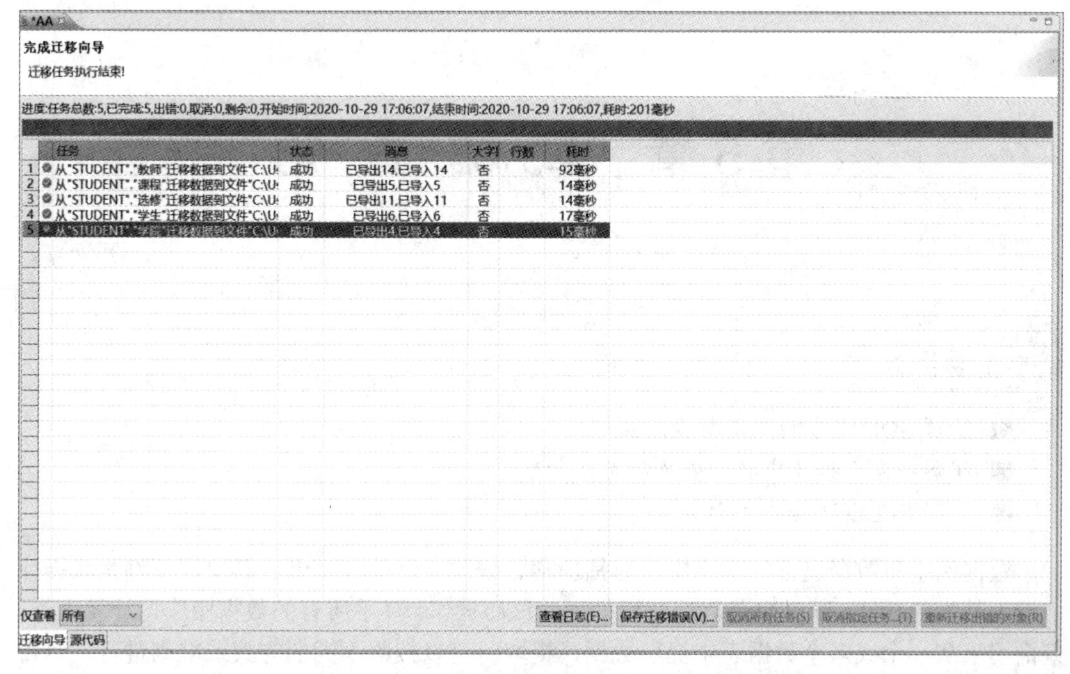

图 4-17　完成迁移向导

可以发现通过 DM 迁移工具，可以非常便捷地完成不同数据库之间的迁移，以及从数据库中导出文件、从文件导入到达梦数据库。

当用户执行更新(包括插入、修改和删除)操作时，DBMS 将按照完整性约束条件进行完整性检查。如果发现这些操作执行结束后数据库中的数据违反了完整性约束条件，将采取一定的动作，进行违约处理，以保证数据的完整性。在插入和修改数据时，DBMS 将要对新产生的数据记录进行实体完整性、参照完整性和用户自定义完整性检查；对于删除操作，DBMS 将进行参照完整性检查。对实体完整性和参照完整性，其违约处理方式不尽相同。具体内容详见第 8 章“数据完整性”。

思　考　题

1. 请写出两种典型的 INSERT 语句。
2. 请写出根据查询结果更新某字段值的 UPDATE 语句的例子。
3. 请比较 DELETE 与 TRUNCATE 语句的区别。
4. 请给出 MERGE 语句的例子。

第5章 数据查询

主要目标：

■ 了解SQL语言的作用与发展历程。
■ 理解关系数据库中数据查询的基本原理。
■ 掌握SELECT语句的语法。

数据库中对数据进行的基本操作包括新增、修改、删除和查询。其中，查询是数据库中最为基本的功能，同时也是数据分析处理的核心操作，几乎所有的数据操作均涉及查询。查询用来从一个或多个数据表中提取数据，提取时可以按照不同的方式或准则进行，以得到满足用户需求的数据。SQL语言是一种最常用的数据库语言，它提供了功能丰富的查询方式。因此，熟练掌握SQL语言实现数据查询，是一项必须掌握的技能。本章首先介绍SQL语言，再介绍如何利用SQL语言进行数据查询。

5.1 SQL语言

结构化查询语言(Structured Query Language)简称为“SQL”或“SQL语言”，是一种数据库查询和程序设计语言，用于存取数据以及查询、更新和管理关系数据库。

结构化查询语言是高级的非过程化编程语言，允许用户在高层数据结构上工作。它不要求用户指定对数据的存放方法，也不需要用户了解具体的数据存放方式，所以具有完全不同的底层结构的不同数据库系统，可以使用相同的结构化查询语言作为数据输入与管理的接口。结构化查询语言的语句可以嵌套，这使它具有极大的灵活性和强大的功能。

5.1.1 SQL语言的发展

SQL是在1974年提出的一种关系数据库语言。20世纪70年代初，IBM公司埃·E. F. Codd发表了将数据组成表格的应用原则(Codd’s Relational Algebra)。1974年，同一实验室的D. D. Chamberlin和R. F. Boyce在研制关系数据库管理系统System R的过程中研制出了一套规范语言——SEQUEL(Structured English Query Language)，并在1976年11月公布了新版本SEQUEL/2。1980年改名为SQL。

SQL语言接近英语的语句结构，简洁灵活，功能强大，被众多计算机公司和数据库厂商所采用，经过不断完善和扩充，最终发展成为数据库的标准语言。其核心部分和关系代数是等价的，它还有一些重要的功能已经超越了关系代数的表达能力，例如求和功能，统计功能以及对数据的插入、删除、修改等操作。不同 DBMS 的供应商还开发了许多不同版本的 SQL。目前，世界上大型的著名数据库管理系统均支持 SQL 语言，如 Oracle、Sybase、SQL Server、DB2 等。不同的 DBMS 产品，大都按自己产品的特点对 SQL 语言进行了扩充。

补充知识：

SQL 在发展过程中，其内容越来越庞杂，绝大多数情况下，说起 SQL 的符合程度，其实是指 SQL-92 中最核心的部分，从 SQL-99 后不再对标准符合程度进行分级，而是改成了核心兼容性和特性兼容性。在 1992 年公布的 SQL-92 标准中，数据库分为三个级别：基本集、标准集和完全集。

5.1.2　SQL 语言的作用

SQL 是一种具有特殊目的的编程语言，其作用主要分为如下四个部分。

(1) 数据定义语言(Data Definition Language，DDL)。DDL 用于定义 SQL 模式、基本表、视图和索引的创建和撤销操作，能够定义数据库的三级模式结构，即外模式、全局模式和内模式结构。在 SQL 中，外模式又叫作视图，全局模式简称为模式，内模式由系统根据数据库模式自动实现，一般无须用户过问，其语句包括 CREATE、ALTER 和 DROP。通过使用 DDL，可以创建、删除和修改数据库和表结构，为表加入索引等。

(2) 数据操纵语言(Data Manipulation Language，DML)。数据操纵分为数据查询和数据更新两类，狭义的 DML 专指数据更新。数据更新又分为插入、删除和修改三种操作，其语句分别为 INSERT、UPDATE 和 DELETE，可对基本表和视图的数据进行插入、删除和修改。DML 分为交互型 DML 和嵌入型 DML 两类。依据语言的级别，DML 又可分为过程性 DML 和非过程性 DML 两种。

(3) 数据控制语言(Data Control Language，DCL)。DCL 用于对数据库进行统一的控制管理，保证数据在多用户共享的情况下能够安全，包括对基本表和视图的授权、完整性规则的描述、事务控制等内容。DCL 通过 GRANT 或 REVOKE 实现权限控制，确定单个用户和用户组对数据库对象的访问权限并加以控制，以保证系统的安全性。

(4) 数据查询语言(Data Query Language，DQL)。数据查询是数据库中最常见的操作，又称为数据检索，用于从表中获得数据，确定数据怎样在应用程序给出。DQL 是 SQL 语言的重中之重。

5.2　单 表 查 询

如果仅从一个表或者视图中检索数据，则称此查询方式为单表查询。单表查询是最简单的查询方式，其语法如下：

```
SELECT 列名 1 [, 列名 2…]
```

```
FROM   模式.表名|视图名
[WHERE   条件表达式]
[GROUP BY   字段列表]
[HAVING 选择条件]
[ORDER BY 列名 ASC|DESC]
```

其中，SELECT 列名 1 [, 列名 2…] 指明要查询的选择列表。列表可以包括若干列名或表达式，列名或表达式之间用逗号隔开，用来指示应该返回哪些数据。表达式可以是列名、函数或常数的列表，参数说明如下：

(1) FROM 模式.表名|视图名指定所查询的表和视图的名称。

(2) WHERE 条件表达式指明数据查询所要满足的条件。

(3) GROUP BY 字段列表根据指定列中的值对结果集进行分组。

(4) HAVING 选择条件对用 GROUP BY 子句创建的结果集进行筛选，它只能与 GROUP BY 子句搭配使用(允许搭配不带 HAVING 子句的 GROUP BY 子句)。

(5) ORDER BY 列名 ASC|DESC 对查询结果集中的行进行排序。其中，关键字 ASC 表示按升序进行排序，DESC 表示按降序排序。如果省略 ASC 和 DESC，则系统默认按升序进行排序。

5.2.1 简单查询

简单查询是 SQL 中最简单的查询方式，它从某个表中找出满足某个条件的记录，其语法如下：

```
SELECT   列名 1[,列名 2…]
FROM   模式.表名|视图名;
```

【例 5-1】 查询学生基本信息表中的所有信息。

在 DM 管理工具中，点击“新建查询”并输入，语句如下：

```
SELECT *
FROM STUDENT.学生;
```

查询结果如图 5-1 所示。其中，“*”号表示查询“STUDENT.学生”表中所有的属性，其查询结果与下面语句的查询结果相同。

```
SELECT 学号, 姓名, 性别, 出生日期, 籍贯, 系号
FROM STUDENT.学生;
```

消息 结果集

	学号 INT	姓名 VARCHAR(1	性别 VARCHAR(3	出生日期 DATETIME(	籍贯 VARCHAR(3	系号 INT
1	2013001	李芳	女	1996-01...	湖南	6001
2	2013002	张强	男	1994-11...	陕西	6002
3	2013003	赵东方	男	1993-03...	河南	6003
4	2013004	王启	男	1997-08...	山西	6001
5	2013005	李平	男	1995-04...	陕西	6001
6	2013006	孙阳刚	男	1995-01...	新疆	6004

图 5-1　学生所有信息

【例 5-2】 查询所有学生所在的系号。

```
SELECT DISTINCT 系号
FROM STUDENT.学生;
```

查询结果如图 5-2 所示。

	系号 INT	
1	6001	
2	6002	
3	6003	
4	6004	

图 5-2　学生所在系号

关键字 DISTINCT 用来去除结果中重复的行。

语句“SELECT 系号 FROM STUDENT.学生;”的执行结果中，记录的行数与学生表中记录的行数是相同的，“系号”的值通常有重复的值。

有时为了使查询的结果显示更加明确、美观，或出于其他原因，可能要求在查询结果的显示中加入一些有用的信息。

【例 5-3】 查询所有学生的姓名和年龄，查询结果按年龄从大到小显示。

```
SELECT 姓名, 2021-YEAR(出生日期) AS 年龄
FROM STUDENT.学生
ORDER BY 年龄 DESC;
```

查询结果如图 5-3 所示。

	姓名 VARCHAR(1	年龄 INTEGER
1	赵东方	27
2	张强	26
3	孙阳刚	25
4	李平	25
5	李芳	24
6	王启	23

图 5-3　学生的姓名和年龄信息

为了使阅读更加方便，可使用 AS 关键字取一个新的名字来显示结果关系中的属性，如本例中的年龄。

5.2.2　条件查询

条件查询是指在指定表中查询出满足条件的记录(行)。该功能是在查询语句中使用 WHERE 子句实现的。WHERE 子句常用的查询条件由谓词和逻辑运算符组成。谓词指明了一个条件，该条件求解后，结果为一个布尔值(真、假或未知)。

逻辑运算符有 AND、OR、NOT。

谓词包括比较谓词(＝、＞、＜、＞＝、＜＝、＜＞)、BETWEEN AND 谓词、IN 谓词、LIKE 谓词、EXISTS 谓词。

【例 5-4】 查询所有来自湖南的学生的姓名、出生日期和系号。

```
SELECT 姓名, 出生日期, 系号
FROM STUDENT.学生
WHERE 籍贯='湖南';
```

查询结果如图 5-4 所示。

	姓名 VARCHAR(1:	出生日期 DATETIME(6)	系号 INT
1	李芳	1996-01-05 ...	6001

图 5-4　查询结果

达梦数据库中，WHERE 子句的条件表达式中的属性值要加半角状态的单引号来界定(若属性值是数值类型的，则可加可不加)。

【例 5-5】 查询系号为 6001 的李姓学生的姓名和年龄，查询结果按年龄从大到小显示。

```
SELECT 姓名, 2020-YEAR(出生日期) AS 年龄
FROM STUDENT.学生
WHERE 系号=6001 AND 姓名 LIKE '李%'
ORDER BY 年龄 DESC;
```

查询结果如图 5-5 所示。

	姓名 VARCHAR(1:	年龄 INTEGER
1	李平	25
2	李芳	24

图 5-5　查询结果

字符串匹配时，可以使用百分号%和下画线_。其中，%代表任意字符串(可以是空串)，_代表任意一个字符。

【例 5-6】 查询选修课程中没有成绩的学生的学号和课程号。

```
SELECT 学号,课程号
FROM STUDENT.选修
WHERE 成绩 IS NULL;
```

查询结果如图 5-6 所示。

	学号 INT	课程号 INT
1	2013001	1003
2	2013003	1003

图 5-6　查询结果

在这里，空值是未知的值。当列的类型是数值型时，空值并不代表 0；当列的类型是字符串时，空值也并不是空字符串。

注意：

NULL 非常特殊。在条件判断中，不能使用“<列名> = NULL”这样的表示，必须用“<列名> IS NULL”或“<列名> IS NOT NULL”这样的表示，当然也可以将“NOT”作为“否运算”来限定“<列名> IS NULL”，形成“NOT <列名> IS NULL”。但不管怎么写，要判断字段值是否为 NULL，必须是 IS 或 IS NOT。

如果算术表达式的任何一方为 NULL，则算术表达式的结果为 NULL。

有 NULL 参与的比较运算的结果均为 UNKNOWN，它既不是 TRUE，也不是 FALSE。即使进行 NULL = NULL 的判断，结果也不是 TRUE(当然也不是 FALSE)。

因此，务必要留意涉及字段值(或者表达式的值)可能为空的情况下的处理。

5.2.3　聚集函数

SQL 语言提供了 5 种聚集函数，可以产生某列的聚合信息。

(1) SUM：求某列中所有值的和。

(2) AVG：求某列中所有值的平均值。

(3) MIN：求某列中的最小值。

(4) MAX：求某列中的最大值。

(5) COUNT：求某列中值的个数。

【例 5-7】 查询课程号为 1001 的学生的平均成绩。

```
SELECT AVG(成绩) AS 平均成绩
FROM STUDENT.选修
WHERE   课程号='1001';
```

【例 5-8】 查询选修所有课程所修的学分。

```
SELECT SUM(学分)
FROM STUDENT.课程;
```

【例 5-9】 查询学生的总人数。

```
SELECT COUNT(*)
FROM STUDENT.学生;
```

5.2.4　分组查询

有时人们需要的不是某一类值的某种聚合，而是将这一列值根据某列或者某几列划分成组后每一组值的某种聚合，这时需要用到 GROUP BY 子句，其后一般跟分组属性表。

【例 5-10】 查询每个系的学生人数。

```
SELECT 系号,COUNT(*)
FROM STUDENT.学生
GROUP BY 系号;
```

查询结果如图 5-7 所示。

	系号 INT	COUNT(*) BIGINT
1	6001	3
2	6002	1
3	6003	1
4	6004	1

图 5-7　每个系的学生人数

如果希望查询满足一定条件的分组情况，可以使用关键字 HAVING 来选择具有给定条件的分组。

【例 5-11】 查询学生人数多于两个的系的人数。

```
SELECT 系号,COUNT(*)
FROM STUDENT.学生
GROUP BY 系号
HAVING COUNT(*)>2;
```

查询结果如图 5-8 所示。

	系号 INT	COUNT(*) BIGINT
1	6001	3

图 5-8　查询结果

注意：

使用 GROUP BY 子句的查询语句中，查询结果要么在 GROUP BY 子句中出现，要么是聚集函数运算的结果。

5.3 连接查询

在实际应用中，经常需要从多个相关的表中查询数据，这就需要连接查询。由于连接涉及多个表，所以列的引用必须明确。对于多个表中出现的列，需要加上表名来限定。

连接查询可以分成内连接、外连接和交叉连接等。

5.3.1 内连接

根据连接条件，结果集仅包含满足全部连接条件的记录，这样的连接称为内连接(INNER JOIN)。内连接是组合两个表的常用方法，它将两个表中的列进行比较，将两个表中满足连接条件的行组合起来作为结果。内连接有等值连接、自然连接和不等值连接三种方式。

1. 等值连接

等值连接是将想要连接的列值，使用等值运算符(=)作相等比较后所做的连接，返回所有的列(包括重复列)。因为连接的列显示两次，所以存在冗余。

【例 5-12】 查询各系学生的全部信息。

```
SELECT *
FROM STUDENT.学生, STUDENT.系
WHERE STUDENT.学生.系号=STUDENT.系.系号;
```

查询结果如图 5-9 所示。

	学号 INT	姓名 VARCHAR(1	性别 VARCHAR(3	出生日期 DATETIME(	籍贯 VARCHAR(3	系号 INT	系号 INT	系名 VARCHAR(9	备注 VARCHAR(3
1	2013001	李芳	女	1996-01...	湖南	6001	6001	计算机系	NULL
2	2013002	张强	男	1994-11...	陕西	6002	6002	光电系	NULL
3	2013003	赵东方	男	1993-03...	河南	6003	6003	微固系	NULL
4	2013004	王启	男	1997-08...	山西	6001	6001	计算机系	NULL
5	2013005	李平	男	1995-04...	陕西	6001	6001	计算机系	NULL
6	2013006	孙阳刚	男	1995-01...	新疆	6004	6004	通信系	NULL

图 5-9　各系学生的全部信息

同理，也可以使用等值连接，语句格式如下：

```
SELECT *
FROM STUDENT.学生
INNER JOIN STUDENT.系
ON STUDENT.学生.系号=STUDENT.系.系号;
```

两条语句的查询结果相同。

2. 自然连接

从例 5-12 中可以看出，查询结果中有相同的两列系号，要想消除等值连接产生的冗余，可以使用自然连接。自然连接是将要连接的表作相等比较的连接，但连接的结果只显示一次。

【例 5-13】 查询各系学生的全部信息，要求系号只显示一次。

```
SELECT 学号,姓名,性别,出生日期, 籍贯, 学生.系号,系名
FROM STUDENT.学生
INNER JOIN STUDENT.系
ON STUDENT.学生.系号=STUDENT.系.系号;
```

查询结果如图 5-10 所示。

	学号 INT	姓名 VARCHAR(1	性别 VARCHAR(3	出生日期 DATETIME(	籍贯 VARCHAR(3	系号 INT	系名 VARCHAR(9
1	2013001	李芳	女	1996-01...	湖南	6001	计算机系
2	2013002	张强	男	1994-11...	陕西	6002	光电系
3	2013003	赵东方	男	1993-03...	河南	6003	微固系
4	2013004	王启	男	1997-08...	山西	6001	计算机系
5	2013005	李平	男	1995-04...	陕西	6001	计算机系
6	2013006	孙阳刚	男	1995-01...	新疆	6004	通信系

图 5-10　自然连接的查询结果

📖 补充知识：

简单来讲，自然连接就是只保留一份重复属性的等值连接。

5.3.2 外连接

外连接对结果集进行了扩展，结果返回一张表的所有记录，对于另一张表无法匹配的字段用 NULL 填充返回。在 DM 数据库中，分别支持三种方式的外连接：左外连接、右外连接、全外连接。其连接格式如下所示。

FROM 左表名 [LEFT | RIGHT | FULL] OUTER JOIN 右表名 ON 连接条件

在使用过程中，通常可以省略 OUTER 关键字，返回所有记录的表根据外连接的方式而定。

(1) 左外连接：返回左表所有记录。

(2) 右外连接：返回右表所有记录。

(3) 全外连接：返回两张表所有记录。处理过程为分别对两张表进行左外连接和右外连接，然后合并结果集。

【例 5-14】 查询所有男生的选课情况，要求列出学号、姓名、课程名、成绩，没有选课的同学也需要列出。

```
SELECT S.学号, 姓名, 课程名, 成绩
FROM STUDENT.学生 S
LEFT JOIN STUDENT.选修 G ON S.学号=G.学号
LEFT JOIN STUDENT.课程 C ON G.课程号=C.课程号
WHERE 性别='男';
```

📖 补充知识：

上一语句在 FROM 子句中的表名，使用字母来代替表名简化操作，实际上是省略了“AS”(进行表的重命名操作)。

【例 5-15】 使用右连接、全外连接实现类似于例 5-14 的目的。

(1) 右连接：

```
SELECT S.学号, 姓名, 课程名, 成绩
FROM STUDENT.课程 C
RIGHT JOIN STUDENT.选修 G ON G.课程号=C.课程号
RIGHT JOIN STUDENT.学生 S ON S.学号=G.学号;
WHERE 性别='男';
```

(2) 全外连接：

```
SELECT S.学号, 姓名, 课程名, 成绩
FROM STUDENT.课程 C
```

```
FULL JOIN STUDENT.选修  G ON G.课程号=C.课程号
FULL JOIN STUDENT.学生  S ON S.学号=G.学号
WHERE  性别='男';
```

例 5-15 中全外连接的查询结果如图 5-11 所示。

	学号 INT	姓名 VARCHAR(1	课程名 VARCHAR(6	成绩 INT
1	2013002	张强	数学	86
2	2013004	王启	英语	70
3	2013002	张强	物理	56
4	2013003	赵东方	数学	92
5	2013003	赵东方	英语	95
6	2013003	赵东方	物理	NULL
7	2013004	王启	管理学	84
8	2013006	孙阳刚	NULL	NULL
9	2013005	李平	NULL	NULL

图 5-11 全外连接查询的结果

5.4 嵌 套 查 询

前面接触到的所有 WHERE 子句的条件表达式中，进行比较的值都是常量以及在 FROM 子句中提到的关系属性，当然在对这些值进行比较之前，可以用算术运算符，对这些值进行数值计算。

还有一种复杂的查询——嵌套查询。一个 SELECT-FROM-WHERE 查询语句嵌套在另一个 SELECT 查询语句中，前者称为子查询，也称为内查询，后者相应地称为外查询。SQL 还允许多层嵌套查询，即子查询中还可以进行嵌套查询。达梦数据库的子查询中不得有 ORDER BY 子句，子查询不能包含在集函数中。

5.4.1 IN 子查询

IN 关键词的含义是：当且仅当 S 和 R 中的某个值相等时，S IN R 为真。当且仅当 S 和 R 中的任何一个值都不相等时，S NOT IN R 为真。

【例 5-16】 用 IN 子句查询，既选修了数学课又选修了英语课的学生姓名。

```
SELECT  姓名  FROM STUDENT.学生  WHERE  学号  IN
(
    SELECT G.学号  FROM STUDENT.选修  G, STUDENT.选修  T
    WHERE G.学号=T.学号
    AND G.课程号  IN ( SELECT  课程号  FROM STUDENT.课程  WHERE  课程名='数学' )
    AND T.课程号  IN ( SELECT  课程号  FROM STUDENT.课程  WHERE  课程名='英语' )
);
```

📖 补充知识：

SQL 对嵌套查询的处理方法是从内层向外层处理，即先处理最内层的子查询，然后把查询的结果用于其外查询的查询条件，再层层向外求解，最后得出查询结果。

5.4.2 EXISTS 子查询

EXISTS 子句的含义是：当且仅当 R 非空(至少有一条记录)时，条件 EXISTS R 才为真。

【例 5-17】 查询一门课程都没有选的学生信息。

```
SELECT * FROM STUDENT.学生  AS ST
WHERE NOT EXISTS
(SELECT * FROM STUDENT.选修  SC
WHERE ST.学号=SC.学号);
```

查询结果如图 5-12 所示。

	学号 INT	姓名 VARCHAR(1!	性别 VARCHAR(3	出生日期 DATETIME(	籍贯 VARCHAR(3	系号 INT
1	2013006	孙阳刚	男	1995-01...	新疆	6004
2	2013005	李平	男	1995-04...	陕西	6001

图 5-12　分组查询的结果

📖 补充知识：

对于 EXISTS 运算符来说，可以在表达式前面加 NOT 表示否定。例如当 R 为空时，此时 EXISTS R 为假，但 NOT EXISTS R 为真。

5.4.3 ALL 与 ANY

关键字 ALL，当且仅当 S 与一元关系 R 中的每个值都满足 θ 关系时，S θ ALL R 为真。其中，θ 是 6 个比较运算符(=、<>、<、>、<=和>=)中的任意一个。

关键字 ANY，当且仅当 S 与一元关系 R 中的至少一个值满足 θ 关系时，S θ ANY R 为真。

✋ **注意：**

S<>ALL R 和 S NOT IN R 含义相同。

S=ANY R 和 S IN R 含义相同。

由于 ANY 具有一定的歧义，因此通常用 SOME 来代替。比如，S>ANYR，可能被理解为“S 比 R 中的任意一个元素都大”，这是错误的理解！而使用 S>SOME R，理解为“S 比 R 中的一些元素大即可”。

【例 5-18】 查询学号为 13001 的学生，成绩大于学号 2013002 学生任意一门课程的课程号及成绩。

```
SELECT 课程号, 成绩
FROM STUDENT.选修
```

```
WHERE 学号=13001 AND 成绩>ANY (SELECT 成绩 FROM STUDENT.选修 WHERE 学号
=2013002);
```

或者：

```
SELECT 课程号, 成绩
FROM STUDENT.选修
WHERE 学号=13001 AND NOT 成绩 <= ALL (SELECT 成绩 FROM STUDENT.选修 WHERE
学号=2013002);
```

查询结果如图 5-13 所示。

	课程号 INT	成绩 INT
1	1001	75
2	1002	66
3	1004	78

图 5-13　两者查询结果相同

5.5　集 合 查 询

一个查询语句的结果可以看作是元组的集合。SQL 使用关键字 UNION、INTERSECT 和 EXCEPT 分别代表并、交和差。进行集合查询时，要求两个集合是相容的。

【例 5-19】 查询选修了课程号为 1001 的学生的学号与计算机系年龄大于 18 岁的学生的学号的交集。

```
SELECT 学号 FROM STUDENT.选修
WHERE 课程号=1001
INTERSECT
SELECT 学号 FROM STUDENT.学生
WHERE 2020-YEAR(出生日期)> 18 AND 系号= (SELECT 系号 FROM STUDENT.系 WHERE
系名='计算机系');
```

【例 5-20】 查询计算机系年龄大于 18 岁却没有选修课程号为 1001 的学生的学号。经分析，该查询等价于：查询计算机年龄大于 18 岁的学生学号的集合与选修了课程号为 1001 学生学号的差。

```
SELECT 学号 FROM STUDENT.学生
WHERE 2020-YEAR(出生日期)> 18 AND 系号= (SELECT 系号 FROM STUDENT.系 WHERE
系名='计算机系')
EXCEPT
SELECT 学号 FROM STUDENT.选修
WHERE 课程号=1001;
```

【例 5-21】 查询计算机系和通信系的学生学号和姓名。

```
SELECT 学号,姓名 FROM STUDENT.学生
```

```
WHERE  系号= (SELECT 系号 FROM STUDENT.系 WHERE 系名='计算机系')
UNION
SELECT 学号,姓名 FROM STUDENT.学生
WHERE  系号= (SELECT 系号 FROM STUDENT.系 WHERE 系名='通信系');
```

注意：

例 5-21 使用带 OR 的选择条件直接进行查询更方便。

```
SELECT 学号,姓名 FROM STUDENT.学生
WHERE 系号=(SELECT 系号 FROM STUDENT.系 WHERE 系名='计算机系' OR 系名='通信系');
```

二者查询结果一致，但 OR 选择条件的查询语句更加简洁。

5.6 基于派生表的查询

子查询不仅可以出现在 WHERE 子句中，还可以出现在 FROM 子句中，这时子查询生成的临时派生表(derived table)成为主查询的查询对象。

【例 5-22】 查询既选修了数学课又选修了英语课的学生的姓名。

```
SELECT 姓名 FROM STUDENT.学生,
( SELECT G.学号,G.姓名
FROM STUDENT.选修 G, STUDENT.选修 T
WHERE G.学号=T.学号
AND G.课程号 IN ( SELECT 课程号 FROM STUDENT.课程 WHERE 课程名='数学' )
AND T.课程号 IN ( SELECT 课程号 FROM STUDENT.课程 WHERE 课程名='英语' ))
AS DERTABLE(DERTABLE.学号,DERTABLE.姓名)
WHERE STUDENT.学生.学号= DERTABLE.学号;
```

这里 FROM 子句中的子查询生成一个临时派生表 DERTABLE，该表由学号、姓名两个属性组成，记录了既选修了数学课又选修了英语课的学生姓名和学号。

主查询将 STUDENT.学生表与派生表 DERTABLE 按学号相等进行连接，选出既选修了数学课又选修了英语课的学生的姓名。

如果子查询中没有聚集函数，派生表可以不指定属性，子查询 SELECT 子句后面的列名为其默认属性。

注意：

通过 FROM 子句生成派生表时，AS 关键字可以省略，但必须为派生关系指定一个别名。而对于基本表，别名是可选项。

思 考 题

1. 请说明 SQL 语言的定义与作用。
2. 用 SQL 语句实现下列查询。

(1) 计算机系全体学生的学号、姓名和性别。

(2) 选修了数学或英语的学生的学号。

(3) 至少选修了数学和英语的学生的学号和姓名。

(4) 没有选修管理学的学生姓名和年龄。

(5) 所有的学生信息。

(6) 计算机系男同学的学号和年龄。

(7) 通信系选修了数学或管理学的学生的学号和姓名。

(8) 所有课程的平均成绩。

(9) 各系学生的英语平均成绩。

3. 请举例说明：IN 子查询可以用 EXISTS 子查询替代，一些 EXISTS 子查询无法用 IN 子查询替代。

第 6 章　SQL 程序设计基础

主要目标：

- 理解 DM SQL 程序设计的必要性。
- 理解变量、常用数据类型，掌握常见数据类型。
- 掌握分支结构、循环结构的基本用法。
- 了解异常处理的概念。

SQL 语言具有很强的集合处理能力，但是在实际的数据处理中，很多业务需要用到过程性处理逻辑。例如，为确保数据完整性、一致性，需要进行复杂的有效性检查、分类统计等，单纯使用 SQL 语句很复杂，甚至无法实现。因此，主流数据库产品通常会在 SQL 语言的基础上，进行过程性语言的扩充，例如 Oracle 数据库的 PL-SQL、微软 SQL Server 数据库的 T-SQL。达梦数据库扩充了的 SQL 称为 DM SQL。本章介绍 DM SQL 程序的组成元素，主要包括数据类型、变量、表达式和程序控制等。

6.1　DM SQL 语言概述

DM SQL 语言是一种过程化语言，和其他高级语言类似，DM SQL 包括一整套数据类型、变量、表达式、流程控制结构和异常处理等程序设计语言的基本要素。由 DM SQL 语句编写的程序，可以称为 DM SQL 程序，它们由达梦数据库负责执行，可以作为数据库对象驻留在数据库服务器上，也可以以脚本文件的形式保存在客户端。

6.1.1　DM SQL 程序组成

与通常的程序设计语言类似，DM SQL 程序一般由语句、标识符、表达式、注释等组成，通常分为声明段、执行体和异常处理部分，语法如下所示。

```
--声明段
[DECLARE]
[<类型声明>]
[<变量声明>]
[<游标声明>]
BEGIN
```

```
<执行体>
[<异常处理部分>]
END
```

其中，声明段由 DECLARE 关键字开头，用于定义数据类型和变量等；执行体用 BEGIN…END 关键字包围，用于定义要执行的程序操作；异常处理部分由 EXCEPTION 关键字开头，用于处理执行过程中出现的异常或错误。执行体是必不可少的，声明段和异常处理部分可以按情况选择使用。

> 📖补充知识：
>
> DM SQL 程序定义可以嵌套，即一个程序块中间可以包含另外一个或多个程序块。

6.1.2　标识符

不同变量、对象之间必须能相互区分，这就好比每个人要有自己的姓名一样，否则访问和使用时就会出现混乱。DM SQL 程序中，用于区分的“姓名”实际上称为“标识符”。

DM SQL 程序中标识符分为普通标识符和定界标识符两大类，两者的主要区别在于对构成标识符的字符是否有严格限制。

(1) 普通标识符组成有较严格的约束，必须以字母、_(下画线)、$、# 或汉字开头，后面可以跟随字母、数字、_、$、# 或者汉字，普通标识符的最大长度是 128 个英文字符或 64 个汉字，例如“ABC”“var1”“_INT_B”、姓名等。普通标识符不能是 DM 数据库系统的保留字，例如“DELETE”“NULL”等。

(2) 定界标识符的构成相对宽松，它的标识符体用双引号括起来，标识符体内可以包含任意字符。例如，“DECLARE”“!@#$”，使用时必须带上半角状态的双引号。

就像给孩子取名字，一般不取众所周知的伟人的姓名一样，在给用户定义的对象进行命名时，也要避开系统已经使用的标识符。比如，“FUNCTION”是系统用于定义函数的，没有极特殊情况，不应作为变量或者函数的名称。

现实中，具有同一姓名的人可能会很多，但在某一特定的班级、部门里，一般不会出现重名。类似地，在 DM SQL 程序中，同一作用域(类比于“某一班级”“某一部门”)内不同变量、对象的名称也不能相同，相互独立的作用域之间的变量、对象可以重名。

6.1.3　注释

注释是 DM SQL 程序中用来说明程序的作用、参数的含义、方法的调用方式等。注释对程序的执行没有任何影响。良好的注释是高质量程序的重要组成部分，合理地使用注释可以极大提高程序的可读性、可维护性。工程实践中，一般要求必须使用注释，注释量一般是代码量的 10%～20%左右。

DM SQL 的注释包括单行注释和块注释(多行注释)两种。

(1) 行注释可以出现在语句行中的任意位置，使用“- -”(两个减号)开始，直到该语句行结束都是注释部分。行注释通常用于重要语句或者关键点的说明。例如，对声明变量的用途或条件判断语句每个分支进行说明。

(2) 块注释可以包含多行注释内容，以“/*”开始、以“*/”结束。因为块注释可以包含多行，所以可以包含比较详细的内容，通常用在一个程序块、函数和存储过程等的前面，对这部分程序的功能、处理逻辑和输入和输出等进行说明。

> **补充知识：**
>
> 在调试程序时，可以利用注释部分不执行的特性，将部分不影响调试的语句屏蔽掉，以提高调试的效率。

6.2 数据类型

数据类型确定了数据的存储方式、占用空间大小，决定了数据的取值范围和可以执行的操作类型。DM SQL 支持的数据类型主要有数值、字符、日期时间等标量数据类型，也包括记录、数组等复合数据类型。

6.2.1 数值类型

数值类型数据主要用于存储需要使用其数值的数据，根据其存储方式，可以分为精确数值类型和近似数值类型。

精确数值类型在给定的数据精度范围内，保证存储的数值是精确的，而近似数值类型存储数值的近似值。精确数值类型可以分为整数、浮点数、二进制数和位数据类型。

1. 整数

整数数据类型用于存放不带小数的有符号数，根据占用空间不同，具体分为占用 1 B 的BYTE(和TINYINT等效)类型、占用2 B的SMALLINT类型、占用4 B的INT(和INTEGER等效)类型，以及占用 8 B 的 BIGINT 类型。

2. 浮点数

浮点数包括 NUMERIC、DECIMAL、DEC 和 NUMBER 类型(这 4 种类型是等效的，是为了保持与其他 SQL 程序的兼容性而保留的)，使用时需指定精度和标度，语法如NUMERIC[(有效位数 [, 小数位数])]。其中，有效位数是一个无符号整数，定义了总的数字有效位数，范围从 1～38；小数位数定义了小数点后的数字位数，其值不应大于有效位数，如果实际小数位数大于指定的有效位数，那么超出的位数将会四舍五入省去。例如，NUMERIC(4, 1)定义了小数点前面 3 位和小数点后面 1 位，共 4 位的数字，范围从 -999.9～999.9。所有精确数字数据类型，如果其值超过有效位数的表示范围，达梦数据库会返回一个出错信息；如果超过有效位数，则多余的位会被截断。如果不指定有效位数和小数位数，浮点数的有效位数默认为 38，但小数位数不限定。

3. 二进制数

二进制数包括 BINARY 和 VARBINARY，使用时需指定长度，最大存储长度由数据库页面大小决定，在表达式计算中的长度上限为 32 767。二进制数以 0x 开始，后面跟着数据的十六进制表示。例如 0x1A2B3C8。BINARY 与 VARBINARY 的区别在于：BINARY 用于存储定长二进制数，其缺省长度为 1 B；VARBINARY 用于存储变长二进制数据，缺省长度为 8188 B。

4. 位类型

位类型即为 BIT 类型，只存储 1 个二进制位的数据，可以表示整数数据 0、1 或 NULL，功能与 SQL SERVER2000 的 BIT 数据类型相似，与 ODBC 和 JDBC 的 BOOL 相对应，只有为 0 时被转换为假，其他非空且非 0 的值都会被自动转换为真，通常用来存储布尔值。

近似数值类型包括 FLOAT、DOUBLE、DOUBLE PRECISION 和 REAL 类型。其中，FLOAT、DOUBLE、DOUBLE PRECISION 三种类型是等效的，它们直接对应标准 C 语言中 DOUBLE 类型，二进制精度为 126，取值范围-1.7×10^{38}～1.7×10^{38}；REAL 类型二进制精度为 24，十进制精度为 7。取值范围-3.4×10^{38}～3.4×10^{38}。近似数值类型在使用时需要注意，其存储的数据只能是不精确的近似值，通常用于存储一些数值较大，同时对于精度要求不太高的数，并且不被用于进行比较运算。

6.2.2　字符类型

字符类型用于存储文本数据，对于一些不关注其数值大小、只关注其字符的数字。例如，身份证号码、流水号等，也可以采用字符类型。

字符类型包括定长字符(包括 CHAR 和 CHARACTER 两种，二者等效)和不定长字符(包括 VARCHAR 和 VARCHAR2 两种，二者等效)类型。定义时都需要指定字符串的长度，区别在于定长字符类型在数据长度不足时，系统自动在字符结尾后填充空格，不定长字符数据只占用实际包含字符所占的字节空间。

📖 **补充知识：**

当使用字符串长度测试函数时，若使用定长字符数据，则返回结果始终是定义时指定的长度，若使用不定长字符串，则返回结果为实际字符的个数。下面给出两个定义变量的例子：

```
str1 CHAR (8);
str2 VARCHAR (8);
```

首先给 str1 和 str2 变量分别赋值为‘abc’，然后使用字符串长度测试函数来测试它们的长度，前者返回结果为 8，后者返回结果为 3。

6.2.3　日期时间类型

日期时间类型分为一般日期时间类型、时间间隔类型和时区类型三类，用于存储日期、时间、事件间隔和时区信息。

时间类型中，DATE 类型用于存储日期信息；TIME 类型用于存储一天之内的一个时刻，最多可以精确到 0.000 001 秒；TIMESTAMP 则可以使用年、月、日、时、分、秒来完整表示一个时间点，同样可以精确到 0.000 001 秒。

【例 6-1】 用 DATE 类型表示 1949 年 10 月 1 日这一天。

```
'1949-10-01';
```

【例 6-2】 用 TIME 类型表示 9 点 18 分 21 秒这一时刻。

```
'09:18:21';
```

【例 6-3】用 TIMESTAMP 类型表示 2021 年 10 月 23 日 17 点 56 分 21 秒这一完整时间点。

```
'2021-10-23 17:56:21';
```

时间间隔类型用于存储两个时间点之间的时间间隔(即时间跨度)，根据计量单位，可以分为年-月间隔和日-时间隔两大类，前者可以使用年和月作为单位，后者则可以使用日、时、分、秒作为单位。

【例 6-4】 以年为单位表示 70 年的时间间隔。

```
INTERVAL '000070' YEAR;
```

【例 6-5】 以月为单位表示 36 个月的时间间隔。

```
INTERVAL '000036' MONTH;
```

【例 6-6】 以年和月为单位表示 5 年 8 个月的时间间隔。

```
INTERVAL '000005-08' YEAR TO MONTH;
```

【例 6-7】 以天为单位表示时间间隔为 150 天。

```
INTERVAL '150' DAY;
```

【例 6-8】 以时、分、秒为单位表示 23 小时 12 分 1.1 秒的时间间隔。

```
INTERVAL '23:12:01.1' HOUR TO SECOND;
```

时区类型是带时区信息的 TIME 类型或 TIMESTAMP 类型。时区信息以 INTERVAL HOUR TO MINUTE 表示。

【例 6-9】 用时区类型表示本地时间为 '09:10:21'，时区为东 8 区。

```
'INTERVAL HOUR TO MINUTE 09:10:21 +8:00';
```

6.2.4 记录类型

记录类型对应于数据表中的记录，由多个字段的数据构成一条记录，类似于 C 语言中的结构体，是由多个有关系的元素构成的复合数据类型。

例如，学生的信息包括姓名、学号、性别、出生日期等，可以单独声明多个变量，但这些变量的逻辑联系不够紧密。如果定义为记录类型，那么它们之间的关系就十分明显了。

定义记录类型的语法如下：

```
TYPE 记录类型名 IS RECORD (字段名 <数据类型> [<DEFAULT 子句>]{,<字段名> <数据类型> [<DEFAULT 子句>]});
<DEFAULT 子句> ::= <DEFAULT 子句 1> | <DEFAULT 子句 2>
<DEFAULT 子句 1> ::= DEFAULT <缺省值>
<DEFAULT 子句 2> ::= <缺省值>
```

在 DM SQL 程序中使用记录类型，可以首先定义一个 RECORD 类型，类似于定义表结构，定义好各个字段的数据类型；然后，用该记录类型来声明变量。这种方式通常用于只使用数据表的部分字段或者与数据表没有直接对应关系的记录类型。

如果已经定义好了表结构，希望使用的记录类型数据所包含的字段与数据表完全一致，也可以使用%ROWTYPE 来定义变量。这样可以极大简化定义类型的工作。

【例 6-10】 定义与“学生”表结构匹配的记录变量 v_student，语句如下：

```
DECLARE
    v_ student  学生%ROWTYPE;
```

当用户想要单独访问记录类型数据中的某个字段时，可以使用点标记来引用，格式为“记录名.字段名”。

【例 6-11】 对于一个记录类型 students，声明一个该记录类型的变量 v_stud，使用点标记给 v_ stud 的学号和姓名字段赋值，语句如下：

```
DECLARE
    TYPE students IS RECORD (
    学号 char(10),
    姓名 VARCHAR(30));
    v_stud students;
BEGIN
    v_stud.学号='2020103122';
    v_stud.姓名='王小明';
END;
```

6.2.5　数组类型

数组是用于存储相同性质的数据的一种有序集合，能够通过序号(也称为下标)访问该集合中的某个元素。DM SQL 程序支持的数组类型包括静态数组和动态数组两种类型。

1. 静态数组

静态数组是在声明时已经确定了数组元素个数的数组，其长度是预先定义好的，在整个程序中，数组的大小是无法改变的。

DM SQL 定义静态数组的语法如下：

```
TYPE  数组类型名  IS ARRAY <数据类型>[元素个数[,n…]];
```

数组元素的数据类型可以是简单的标量类型，也可以是自定义的复杂数据类型，如记录类型。元素个数必须由常量表达式来指定。理论上，达梦支持静态数组的每一个维度的最大长度为 65 534，但是静态数组的最大长度同时受系统内部堆栈空间大小的限制。如果静态数组的最大长度超出系统内部堆栈的空间限制，则系统会报错。

【例 6-12】 定义静态数组类型后，通过静态数组类型声明一个数组变量，语句如下：

```
DECLARE
    TYPE arr1 IS ARRAY SMALLINT[5];   --定义一维数组类型 arr1，最大元素个数是 5
    a1 arr1;                          --定义变量 a1
    TYPE arr2 IS ARRAY BIT[3,6];      --定义二维数组类型 arr2
```

```
a2 arr2;                              --定义变量 a2
```

2. 动态数组

动态数组是可以随程序需要而重新指定大小的数组，其内存空间是从堆(HEAP)上分配(即动态分配)的，通过执行代码为其分配存储空间，并由达梦自动释放。动态数组与静态数组的定义方法类似，区别只在于动态数组没有指定下标，需要动态分配空间。

DM SQL 定义动态数组的语法如下：

```
TYPE 数组类型名 IS ARRAY <数据类型>[[,n…]];
```

定义了动态数组类型后，同样需要用动态数组类型声明一个数组变量，然后在 DM SQL 程序的执行部分为这个数组变量动态分配空间。动态分配空间的语法如下：

数组变量名:= NEW 数据类型[元素个数[,n…]];

【例 6-13】 定义动态数组并为其分配空间，语句如下：

```
DECLARE
    --定义一维动态数组 arr1
    TYPE arr1 IS ARRAY SMALLINT [];
    --定义变量 a1
    a1 arr1;
    --定义二维动态数组 arr2
    TYPE arr2 IS ARRAY BIT [,];
    --定义变量 a2
    a2 arr2;
BEGIN
    --为 a1 分配 5 个元素的空间
    a1: =NEW SMALLINT [5];
    --为 a2 分配 3x3 的空间
    a2: =NEW BIT [3,3];
END;
```

达梦支持动态数组的每一个维度的最大长度为 2 147 483 646，但是数组的最大长度同时受系统内部堆空间大小的限制，如果超出堆的空间限制，系统同样会报错。

6.3 变量与表达式

DM SQL 使用变量来访问内存中的数据，变量可以用于接收输入的数据，存储中间结果，作为计数器或者保存处理结果等。

6.3.1 变量的声明

DM SQL 是一种强类型语言，所有数据都有明确的数据类型。变量需要在声明段内声明后才能使用。变量声明的基本语法如下：

```
变量名 <变量类型> [<缺省值定义符><表达式>];
```

要声明一个变量，需要给这个变量指定名字及数据类型，也可以给变量赋初始值。

变量名的命名规则与标识符的命名规则一致，变量名不区分大小写。

变量的数据类型可以是基本的 SQL 数据类型，也可以是用户定义的数据类型。

缺省值定义符可以是赋值符号“:=”或关键字 DEFAULT、ASSIGN，用于在定义时为变量指定一个初始值。

例如，声明变量并赋初始值，语句如下：

```
DECLARE
    name VARCHAR;            --定义了一个字符类型变量
    cnt INT:=0;              --定义了一个初始值为 0 的整型变量
    sno,cno SMALLINT;        --多个变量类型相同，可以在一个语句中定义
```

6.3.2　变量赋值

赋值就是改变变量的值。在程序的执行体中可以对变量进行赋值，赋值语句有直接赋值和通过 SQL 语句赋值两种形式，具体实现如下所示。

直接赋值的语法如下：

```
变量名 := <表达式> ;
```

或

```
SET 变量名=<表达式>;
```

通过 SQL 语句给变量赋值，主要是使用 SELECT INTO 或 FETCH INTO 语句，相关语法如下：

```
SELECT <表达式> INTO 变量名 FROM <表引用>{,<表引用>} …;
```

或

```
FETCH [NEXT|PREV|FIRST|LAST|…] 游标名 INTO 变量名;
```

【例 6-14】 对学生成绩表进行业务处理时，对变量赋值有 3 种方法，语句如下：

```
DECLARE
    --变量定义部分
    name, cname VARCHAR;
    score NUMERIC (4,1);
BEGIN

    --使用赋值符号赋值
    name:="张三";

    --使用 SET 赋值
    SET cname="物理";

    --使用 SELECT 赋值
    SELECT AVG(成绩) INTO score FROM "STUDENT"."选修";
END;
```

注意：

当两个记录类型中的字段类型的定义完全一致时，可以将一个记录变量的值直接赋值给另外一个记录，否则，只能按照组成元素逐个进行赋值。

6.3.3　操作符

表达式是由变量、常量、操作符、括号等组成的能求得运算结果的有意义的组合。操作符是程序设计语言中不可或缺的一部分。与其他程序设计语言相似，DM SQL 程序的操作符主要分为算术操作符、关系操作符和逻辑操作符。

(1) 算术操作符主要包括+(加)、–(减)、*(乘)、/(除)。

(2) 关系操作符主要包括>(大于)、<(小于)、=(等于)、>=(大于等于)、<=(小于等于)、!=(不等于)等，还包括 IS NULL、LIKE、BETWEEN、IN 等。

(3) 逻辑运算符主要包括 AND、OR、NOT 等。

使用时操作符需要注意其支持的数据类型、结果的数据类型。例如，算数运算符的操作数据和结果数据都是数值类型，而比较运算符可以作用于数值、字符、日期时间等数据类型，其结果为逻辑型。

对于包含多个运算符的表达式，需要注意其优先级。乘除运算符的优先级高于加减运算符的优先级，算术运算符的优先级高于关系运算符的优先级，关系运算符的优先级高于逻辑运算符的优先级。相同优先级的运算符从左向右依次计算。

补充知识：

通常使用“( )”来明确界定复杂操作符、运算符号的范围，以增强程序的可读性。

6.4　流 程 控 制

DM SQL 程序提供了丰富的程序控制结构，包括顺序结构、分支结构、循环结构等。通过控制结构的组合，可以实现各种复杂的程序逻辑。

6.4.1　顺序结构

一条语句后面接下一条语句，二者自然而然地构成了顺序结构，程序按照从上到下的顺序执行。DM SQL 中，语句以“;”结束。

6.4.2　分支结构

分支结构根据判断条件有选择地执行对应的语句。DM SQL 支持 IF 分支结构和 CASE 分支结构。

1. IF 分支结构

IF 分支结构的语法如下：

```
IF <条件表达式> THEN
```

```
    <语句块 1>;
[[ELSEIF|ELSIF] <条件表达式>  THEN
    <语句块 2>; ]
[ELSE
    <语句块 3>; ]
END IF;
```

其中，条件表达式的返回值类型为布尔型。如果表达式的返回值为 True，则执行其后紧跟的 THEN 后面的语句块；如果表达式的返回值为 False，则执行 ELSEIF 判断或者执行 ELSE 后面的语句块。

【例 6-15】 用 IF 分支结构来判断成绩等级，语句如下：

```
IF score<60 THEN
    grade="不及格";
ELSEIF score<80 THEN
    grade="合格";
ELSEIF score<90 THEN
    grade="良好";
ELSE
    grade="优秀";
END IF;
```

2. CASE 分支结构

CASE 分支结构从一系列条件中进行选择，并且执行相应的语句块，主要有值搜索和表达式搜索两种形式。

1) 值搜索

值搜索的语法如下：

```
CASE <条件表达式>
    WHEN <值表达式> THEN <语句块>;
    {WHEN <值表达式> THEN <语句块>;}
     [ELSE <语句块> ]
END [CASE];
```

其作用是根据条件表达式的返回值逐一搜索后续 WHEN 后紧跟的值表达式的值，判断是否相等。如果相等，则执行 THEN 后面的语句块；如果所有的值表达式都不相等，则执行 ELSE 后面的语句块。这里的条件表达式和值表达式的返回值类型应该是相同的。

【例 6-16】 通过 CASE 语句的值搜索形式语句来判断成绩等级，语句如下：

```
CASE grade
    WHEN grade= '优秀' THEN result='A';
    WHEN grade= '良好' THEN result='B';
    WHEN grade= '合格' THEN result='C';
    WHEN grade= '不及格' THEN result='D';
```

```
END;
```

2) *表达式搜索*

表达式搜索的语法如下：

```
CASE
    WHEN <条件表达式> THEN <语句块>;
    {WHEN <条件表达式> THEN <语句块>;}
    [ ELSE <语句块> ]
END [CASE];
```

与值搜索不同，表达式搜索的 CASE 后面没有条件表达式，执行时依次判断 WHEN 后的条件表达式。如果返回值为 True，则执行<条件表达式> THEN 后面的语句块；如果所有条件表达式都返回 False，则执行 ELSE 后的语句块。

【例 6-17】 通过 CASE 分支结构的表达式搜索来判断成绩等级，语句如下：

```
CASE
    WHEN grade= '优秀' THEN result='A';
    WHEN grade= '良好' THEN result='B';
    WHEN grade= '合格' THEN result='C';
    ELSE result= 'D';
END;
```

6.4.3 循环结构

当程序中出现需要重复执行的部分时，可以使用循环结构。DM SQL 程序支持的循环结构的语句非常丰富，包括 LOOP 语句、WHILE 语句、FOR 语句、REPEAT 语句和 FORALL 语句 5 种类型。

(1) LOOP 语句：循环重复执行一系列语句，直到 EXIT 语句，终止循环。

(2) WHILE 语句：循环检测一个条件表达式，当表达式的值为 True 时执行循环体的一系列语句，当表达式的值为 False 时终止循环。

(3) FOR 语句：可以执行指定次数的循环。

(4) REPEAT 语句：重复执行一系列语句，直至达到条件表达式的限制要求。

上述循环语句为基本类型的循环语句。FORALL 循环比较特别，该语句对一条 DML 语句执行多次，当 DML 语句中使用数组或嵌套表时可进行优化处理，能大幅提升性能。

循环结构中可以使用两个比较特别的语句：EXIT 和 CONTINUE。在循环中执行到 EXIT 的时候，循环会立即终止，并跳转到循环体后的下一条语句继续执行。在循环中执行到 CONTINUE 语句时，会结束当前这次循环，跳转到循环体的开始，继续执行下一轮循环。

EXIT 和 CONTINUE 语句通常结合 WHEN 子句来使用，在满足条件时进行跳转。

注意：

EXIT 和 CONTINUE 都必须出现在循环体内，否则会报错。

下面通过实例来说明常见循环语句的语法。

假定要计算 10 的阶乘，可以使用 LOOP、WHILE…LOOP 和 FOR 语句 3 种方式。

【例 6-18】 使用 LOOP 语句计算 10 的阶乘，语句如下：

```
DECLARE
    i INT DEFAULT 10;
    prod INT DEFAULT 1;
BEGIN
    LOOP
        IF i=0 THEN
            EXIT;
        END IF;
        prod: = prod * i;
        i: =i-1;
    END LOOP;
    PRINT prod;
END;
```

【例 6-19】 使用 WHILE…LOOP 语句计算 10 的阶乘，语句如下：

```
DECLARE
    i INT DEFAULT 10;
    prod INT DEFAULT 1;
BEGIN
    WHILE i>0 LOOP
        prod: = prod * i;
        i: =i-1;
    END LOOP;
    PRINT prod;
END;
```

【例 6-20】 使用 FOR 语句计算 10 的阶乘，语句如下：

```
DECLARE
    prod INT DEFAULT 1;
BEGIN
    FOR i IN REVERSE 1..10 LOOP
        prod: = prod * i;
    END LOOP;
    PRINT prod;
END;
```

补充知识：

当 SQL 语句的层级关系判断不清时，可以选中 SQL 语句代码，右击鼠标，点击弹出菜单中的“SQL 脚本|格式化”菜单项来格式化代码(快捷键为“Ctrl+Shift+F”)，以便查看逻辑的层级结构。

6.5 异常处理

应用程序在运行时不可避免地会发生一些错误，有些错误通常不是由于 DM SQL 程序本身的设计或编码产生的问题，而是由于程序运行时一些预料之外的操作或数据异常等导致的超出程序处理范围的问题，这些错误称为异常。

设计一个好的 DM SQL 程序应该充分考虑出现异常的情况，并在 DM SQL 程序中对异常情况进行处理，否则若程序出现异常却没有进行处理，则可能使应用程序异常退出，或者程序运行逻辑出现错误，造成数据损失。

异常处理部分的语法如下：

```
EXCEPTION {<异常处理语句>;}
<异常处理语句> ::= WHEN <异常处理器>
<异常处理器> ::= <异常名>[ OR <异常名>] THEN <执行部分>;
```

【例 6-21】 求学号为 1611050104 的学生的平均成绩，语句如下：

```
DECLARE
    cnt INT DEFAULT 0;
    sum INT DEFAULT 0;
BEGIN
    SELECT COUNT (*) INTO cnt FROM "STUDENT"."选修" WHERE 学号 = 1611050104;
    SELECT COUNT (成绩) INTO sum FROM "STUDENT"."选修" WHERE 学号 = 1611050104;
    PRINT sum/cnt
EXCEPTION
    WHEN ZERO_DIVIDE THEN
        PRINT '除 0 错误';
    WHEN OTHERS THEN
        PRINT '其他错误';
END;
```

若成绩表中该学生的记录数为 0，则会出现除零异常(ZERO_DIVIDE)。此时通过 EXCEPTION 子句捕捉到 ZERO_DIVIDE 异常，并输出提示信息，从而避免程序崩溃。

思考题

1. 请复述 DM SQL 中的基本数据类型。

2. 请编写 DM SQL 程序，验证一种结构的记录类型所创建的变量不能直接赋值给另一种结构的记录类型所创建的变量。

3. 请编写 DM SQL 程序，计算 100 以内所有质数的和。

第 7 章　实现业务逻辑

主要目标：

- 理解存储过程的概念，掌握其语法。
- 理解函数与存储函数的概念，掌握其语法。
- 理解触发器的概念和基本语法。
- 理解存储过程与存储函数的区别、触发器和存储过程的区别。
- 理解游标的概念。
- 理解事务的概念，掌握事务控制语句。

业务逻辑是指一个实体单元向另一个实体单元提供的具有特定规则与流程的服务。在软件系统中，一般分为三个层次：表示层、业务逻辑层和数据访问层。表示层负责用户界面和交互；业务逻辑层负责定义业务逻辑(规则、工作流、数据完整性等)，当业务逻辑层接收到来自表示层的数据请求后，会进行逻辑判断与处理，向数据访问层提交数据访问的请求，并传递数据访问结果；数据访问层负责数据读取。其中，业务逻辑层起着承上启下的重要作用。在数据库中，业务逻辑通常通过存储过程、函数与存储函数和触发器等来实现。

7.1　存 储 过 程

7.1.1　存储过程的概念

存储过程(Stored Procedure)是指一组存储在数据库中具有特定功能的 SQL 语句的集合。它被创建之后就被存储在数据库中，一次编译后永久有效。

可以想象如下一个业务处理过程，某学生毕业后，学校需要把该毕业学生的信息，从学生表中复制到毕业学生表中，并将其从学生表中删除。为提高程序的健壮性，需要对数据表进行如下检查。

(1) 如果该学生在学生表中，将该学生的信息从学生表中复制到毕业学生表中，并将其在学生表中删除。

(2) 如果该学生不在学生表中，而在毕业学生表中，则输出“该学生已毕业。”。

(3) 如果该学生既不在学生表中，又不在毕业学生表中，则输出“没有该学生。”。

要执行这个业务逻辑，需要多条 SQL 语句，并且各语句有一定的执行顺序。相关语句如下所示。

【例 7-1】 假设要处理的学生的学号为 2013002，需要依次进行的操作如下所示。

(1) 首先要判断该学生是否在学生表中，语句如下所示。

```
SELECT COUNT (*) FROM STUDENT.学生  WHERE  学号= 2013002;
```

(2) 根据上一语句返回结果为 0 或 1，0 代表没有该学生，1 代表有该学生。

(3) 如果结果为 1，则将该学生的信息插入到毕业生表中，语句如下所示。

```
INSERT INTO STUDENT.毕业生 SELECT * FROM STUDENT.学生  WHERE  学号  = 2013002;
```

(4) 将学生表中该学生的记录删除，语句如下所示。

```
DELETE FROM STUDENT.学生  WHERE  学号=2013002;
```

(5) 第(1)步的结果如果为 0，则判断该学生是否在毕业生表中，语句如下所示。

```
SELECT COUNT (*) FROM STUDENT.毕业生  WHERE  学号  = 2013002;
```

(6) 返回结果为 0 或 1，0 代表没有该学生，1 代表有该学生。

(7) 如果毕业生表中有该学生，则输出“该学生已经毕业。”，如果毕业生表中没有该学生，则输出“不存在该学生。”。

上述方法单独编写每条语句，并根据语句返回的结果有条件地执行对应的语句，但是每次处理类似需求时，都必须重写。例如，在要处理的学生的学号发生改变时，需要修改 SELECT、DELETE 和 INSERT 等语句中对应的值。为避免烦琐，可以把这些处理逻辑封装成一个整体，这个整体接收学号作为其输入。这样的逻辑整体，在数据库中称为存储过程。

7.1.2　存储过程的使用

使用存储过程主要包括创建存储过程、调用存储过程、删除存储过程和检查存储过程。下面按照对存储过程的使用顺序进行详细介绍。

1. 创建存储过程

存储过程使用 CREATE [OR REPLACE] PROCEDURE 语句创建。其语法如下所示。

```
CREATE [OR REPLACE] PROCEDURE<模式名.存储过程名>[WITH ENCRYPTION]
[(<参数名><参数模式名><参数数据类型>[默认值表达式]
{,<参数名><参数模式名><参数数据类型>[默认值表达式]}…)]
AS|IS
    变量;
BEGIN
      <执行语句段>
      [EXCEPTION <异常处理语句段>]
END;
```

创建存储过程中使用的具体内容说明如下所示。

(1) <模式名.存储过程名>：该参数指明被创建的存储过程的名称，这个名称用于将来访问该存储过程。

(2) WITH ENCRYPTION：为可选项，如果指定 WITH ENCRYTION 选项，则对 BEGIN 到 END 之间的语句块进行加密，防止非法用户查看其具体内容，加密后的存储过程的定义可在 SYS.SYSTEXTS 系统表中查询。

(3) <参数名>：该参数指明存储过程参数的名称。

(4) <参数模式>：该参数指明存储过程参数的输入/输出方式。参数模式可设置为 IN、OUT 或 IN OUT，默认为 IN 类，IN 表示向存储过程传递参数，OUT 表示从存储过程返回参数，而 IN OUT 表示传递参数和返回参数。

(5) <参数数据类型>：该参数指明存储过程参数的数据类型。

(6) <说明语句段>：该参数由变量、游标和子程序等对象构成的声明。

(7) <执行语句段>：该参数由 SQL 语句和过程控制语句构成的执行代码。

(8) <异常处理语句段>：各种异常的处理程序，存储过程执行异常时调用。

【例 7-2】 对应于例 7-1 的存储过程的定义如下所示。

```
-- 此存储过程有一个参数，ID 为学号，类型为 INT 类型，长度为 10
CREATE PROCEDURE STUDENT.Graduate(ID IN INT)
AS
    name VARCHAR (10);
    gender VARCHAR (3);
    date DATETIME;
    native VARCHAR (36);
    department INT
BEGIN
    -- 执行体
    IF (SELECT COUNT (*) FROM STUDENT.学号  WHERE  学号  = ID) = 1 THEN
        SELECT  姓名  INTO name FROM STUDENT.学生  WHERE  学号  = ID;
        SELECT  性别  INTO gender FROM STUDENT.学生  WHERE  学号  = ID;
        SELECT  出生日期  INTO date FROM STUDENT.学生  WHERE  学号  = ID;
        SELECT  籍贯  INTO native FROM STUDENT.学生  WHERE  学号  = ID;
        SELECT  系号  INTO department FROM STUDENT.学生  WHERE  学号  = ID;
        --将该学生数据添加到 STUDENT.毕业生表中
        INSERT INTO STUDENT.毕业生 VALUES (ID, name, gender, date, native, department);
        --删除 Student 表中该学生的信息
        DELETE STUDENT.学生  WHERE  学号  = ID;
    ELSE
        IF (SELECT COUNT (*) FROM STUDENT.学生  WHERE  学号  = ID) = 1 THEN
            PRINT (“该学生已经毕业！”);
        ELSE
            PRINT (“没有该学生！”);
        END IF;
    END IF;
END;
```

上面的存储过程定义了多个变量来存储字段值，再传递给 INSERT INTO 语句，过程比较复杂。可以用如下更简洁的语句来实现。

```
INSERT INTO STUDENT.毕业生  SELECT * FROM STUDENT.学生  WHERE  学号=ID;
```

2. 调用存储过程

调用存储过程需要使用CALL语句，需要提供要调用的存储过程的名字以及需要传递给它的参数，语法如下所示。

```
[CALL][<模式名.>]<存储过程名>[(<参数值>{,<参数值>})];
```

【例7-3】 将学号为2013002的学生信息存到毕业学生表中，然后将其在学生表中的信息删除，语句如下所示。

```
CALL Graduate (2013002);
```

如果学生表中存在学号为2013002的学生信息，则会将其信息存入毕业学生表中，然后将学生表中该学生的信息进行删除；如果学生表中没有该学生信息，但是毕业学生表中有该学生信息，则输出“该学生已经毕业！”；如果两个表中都没有该学生信息，则输出“没有该学生！”。

【例7-4】 对学号为2013003的学生进行例7-3中同样的操作，语句如下所示。

```
CALL Graduate (2013003);
```

3. 删除存储过程

存储过程创建之后，一直保存在服务器上，直至被删除。删除存储过程的语法如下所示。

```
DROP PROCEDURE [<模式名.>]<存储过程名>;
```

注意：

删除存储过程时没有使用后面的“()”。如果指定的存储过程不存在，则DROP PROCEDURE将产生一个错误，可使用DROP PROCEDURE IF EXISTS语句，即使要删除的存储过程不存在，也不会产生错误。

4. 查看存储过程

存储过程中常常会访问一些数据库表、视图等对象，而这些对象有可能已经改变了结构，甚至已经被删除，这时访问这些对象的存储过程就失效了。

要检查某一存储过程是否有效，可以对它进行重新编译。如果重新编译过程中出现错误，则说明该存储过程已经失效，否则说明该存储过程有效。重新编译存储过程的语法如下：

```
ALTER PROCEDURE [<模式名.>]<存储过程名> COMPILE;
```

【例7-5】 重新编译存储过程Graduate，语句如下所示。

```
ALTER PROCEDURE STUDENT.Graduate COMPILE;
```

数据库管理系统内部事先建立的存储过程(称为系统存储过程)不能进行重新编译。系统存储过程通常用来进行数据库系统级的设置或操作。例如，SP_SET_SESSION_READONLY可设置当前连接是否只读。

7.1.3　存储过程的参数

存储过程通常并不返回结果，而是要根据不同的输入执行一定的业务逻辑。“输入”主要通过参数来体现，有时还可以指定参数来返回结果。

存储过程的参数有3种类型，分别是入参、出参、出入参，使用方法如下所示。

(1) 入参(IN)：调用的时候输入的参数，作为运算处理的输入。

(2) 出参(OUT)：存储过程产生的结果，可以通过出参传递给调用者。

(3) 出入参(IN OUT)：出入参在调用之初，可以为存储过程传入数据；在调用结束后，出入参可以为存储过程传出数据。

为说明存储过程参数类型的不同，下面用一个示例来说明。

某学生成绩表中，60 分以上的人数为 30 人，创建存储过程，输出该学生成绩表中，成绩大于 60 的人数。分别创建带入参和出入参的存储过程。

【例 7-6】 创建和调用带入参(IN)的存储过程，语句如下所示。

```
--创建存储过程 stu_test(Stu_num IN INT)
CREATE PROCEDURE stu_test (Stu_num IN INT)
BEGIN
    --将分数大于 60 的学生数量存到 Stu_num 中
    SELECT COUNT(*) INTO Stu_num FROM STUDENT.选修  WHERE 分数  >= 60;
    SELECT Stu_num;
END;
--调用存储过程 stu_test()，记录成绩大于 60 的学生人数。
SET Stu_num =0;
CALL stu_test (Stu_num);
输出为 30。
SELECT Stu_num;
输出为 0。
```

可以看出，Stu_num 虽然在存储过程中被修改，但并不影响外部变量@ Stu_num 的值。

【例 7-7】 创建和调用带出入参(IN OUT)的存储过程，语句如下所示。

```
--创建存储过程 stu_test(Stu_num IN OUT INT)
CREATE PROCEDURE stu_test (Stu_num IN OUT INT)
BEGIN
    --将分数大于 60 的学生数量存到 Stu_num 中
    SELECT COUNT(*) INTO Stu_num FROM STUDENT.选修  WHERE 分数  >= 60;
    SELECT Stu_num;
END;
--调用存储过程 stu_test()，记录成绩大于 60 的学生人数。
SET Stu_num =0;
CALL stu_test (Stu_num);
输出为 30。
SELECT Stu_num;
输出为 30。
```

可以看出，Stu_num 不仅在存储过程中被修改，也影响 Stu_num 的值，都变成了 30。

7.1.4　存储过程的特点

存储过程通过把语句封装起来，实现了处理逻辑的重用，大大简化了程序编写。此外，存储过程还有以下优点：

(1) 提高效率。存储过程在创建时就已经被编译，在运行存储过程时，不需要再次编译和优化就可以使用，具有更快的执行速度。另外，使用存储过程，可以减少用户对数据库的访问次数，减少通过网络与数据库通信的次数。

(2) 提高隔离性。如果表名、列名或业务逻辑等有变化，只需要更改存储过程中的代码，不需要进行大量的修改，使用存储过程的用户甚至不需要知道这些变化，这样就实现了一定程度上的隔离。

(3) 提高数据库安全性。存储过程位于数据库服务器上，用户在使用存储过程的时候，数据对于用户是不可见的，用户调用的时候只需要输入名称和参数即可，保证了数据库的安全性。数据库管理员可以对用户访问存储过程的权限进行授予或者撤销，进一步提高了数据库的安全性。

当然存储过程也有一些不足，主要是其技术要求高。一般来说，编写存储过程相较于编写分散的 SQL 语句，需要更高的技能和更丰富的经验。另外，若存储过程的接口发生变化，比如需要对输入存储过程的参数进行更改，或者要更改由其返回的数据，此时仍需要修改存储过程中的 SQL 代码。

7.2 函　　数

为方便数据处理，DM 数据库封装了一些通用的基础处理逻辑，比如，日期类型和字符串类型之间的转换，这些处理逻辑可以用在表达式之中，被称为函数。

函数隐藏了实现细节，也提高了代码的重用性。达梦数据库中，函数主要分为单行函数、聚合函数、加密函数等。其中，单行函数主要包括数学函数、字符函数、日期函数、流程控制函数等。

7.2.1 常用函数

1. 数学函数

数学函数通常用来实现数值运算。常见的数学函数如表 7-1 所示。

表 7-1　常见数学函数

函　数	作　　用
SQRT(x)	返回 x 的平方根
ABS(x)	返回 x 的绝对值
CEIL(x)=CEILING(x)	返回不小于 x 的最小整数，返回值为 INT 类型
FLOOR(x)	返回不大于 x 的最大整数，返回值为 INT 类型
RAND(x)	根据 x 返回一个随机数
SIGN(x)	返回 x 的符号，x 值为负、零、正时对应结果为 –1、0、1
ROUND (n, m)	返回 n 小数点 m 位的四舍五入值，m 缺省值 0
GREATEST (n1, n2, n3)	求 n1，n2，n3 中最大的数

【例 7-8】 常用数学函数示例如下所示。

(1) SELECT SQRT (4);
该语句得到的结果为 2。

(2) SELECT ABS (-5);
该语句得到的结果为 5。

(3) SELECT CEIL (15.67);
该语句得到的结果为 16。

(4) SELECT CEIL (-15.67);
该语句得到的结果为-15。

(5) SELECT FLOOR (15.67);
该语句得到的结果为 15。

(6) SELECT FLOOR (-15.67);
该语句得到的结果为–16。

(7) SELECT ROUND (2.1578,2);
该语句得到的结果为 2.16。

2. 字符串函数

字符串函数通常用来实现字符串处理。常见的字符串函数如表 7-2 所示。

表 7-2　常见字符串函数

函　数	作　　用
ASCII (char)	返回字符 char 对应的整数(ASCII 码值)
BIT_LENGTH (str)	返回字符串的位(BIT)长度
CHAR(n)	返回整数 n 对应的字符
CHAR_LENGTH (str)	返回字符串 str 的长度，以字符作为计算单位(一个汉字作为一个字符)
LEN (str)	返回给定字符串表达式的字符(而不是字节)个数，不包含尾随空格
LENGTH (str)	返回给定字符串表达式的字符个数，包含尾随空格
CONCAT (S1, S2, …)	返回 S1，S2，…合并后的字符串，若有 NULL 值，则返回 NULL
REVERSE (str)	返回字符串 str 的字符顺序反转后的字符串
UCASE (str)/LCASE (str)	返回字符串 str 变大写/变小写后的字符串
INITCAP (str)	返回句子字符串中，每一个单词的第一个字母改为大写，其他字母改为小写。单词用空格分隔，不是字母的字符不受影响
GREATEST (char 1, char 2, char 3)	返回 char 1、char 2 和 char 3 中最大的字符串

【例 7-9】 常见字符串函数示例如下所示。

(1) SELECT ASCII('B'), ASCII('中');
该语句得到的结果为 66 和 54992。

(2) SELECT BIT_LENGTH('ab');
该语句得到的结果为 16。

(3) SELECT CHAR (66), CHAR (67), CHAR (68);
该语句得到的结果为 B, C, D。

(4) SELECT CHAR_LENGTH('中国');
该语句得到的结果为 2。

(5) SELECT LEN ('HELLOWORLD! □□');其中□为空格字符
该语句得到的结果为 11。

(6) SELECT LENGTH ('HELLOWORLD! □□');
该语句得到的结果为 13。

(7) SELECT INITCAP ('hello world');
该语句得到的结果为 Hello World。

3. 日期函数

日期函数通常被用来实现日期处理和转换。常见的日期函数如表 7-3 所示。

表 7-3　常见日期函数

函　数	作　　用
CURDATE ()/CURRENT_DATE ()	返回当前日期，格式 YYYY-MM-DD
CURTIME () /CURRENT_TIME/LOCALTIME (n)	返回当前时间，格式 HH:MM: SS
NOW ()	返回当前日期和时间
YEAR (date)	返回日期中的年份
MONTH (date)	返回日期中的月份
DAYS_BETWEEN (dt1, dt2)	返回两个日期相差天数
WEEK (date)	返回指定日期在所在年的第几周
DAYNAME (date)	返回指定日期对应星期几
LEAST (n1, n2, n3)	返回 n1、n2 和 n3 中的最小日期
GREATEST (n1, n2, n3)	返回 n1、n2 和 n3 中的最大日期
DAYOFMONTH (date)	返回日期是当月的第几天
DAYOFWEEK (date)	返回日期是当前周中的第几天
DAYOFYEAR (date)	返回日期是当年中的第几天
ISDATE (exp)	判断给定表达式是否为有效的日期，如果是则返回 1，否则返回 0

【例 7-10】 常见日期函数示例如下所示(假定当前日期为 2021 年 6 月 14 日)。

(1) SELECT CURDATE ();
该语句得到的结果为 2021-06-14。

(2) SELECT DAYNAME ('2021-06-12');
该语句得到的结果为 Saturday。

(3) SELECT DAYNAME (CURDATE);

该语句得到的结果为 Monday。

(4) SELECT DAYOFMONTH (CURDATE ());

该语句得到的结果为 14。

(5) SELECT GREATEST ('2021-10-01', '2021-05-01', CURDATE);

该语句得到的结果为 2021-10-01。

4. 流程控制函数

流程控制函数通常用来实现一些特殊值的比较与判断。常见的流程控制函数如表 7-4 所示。

表 7-4　常见流程控制函数

函　数	作　　用
IF (value, t, f)	如果 value 是真，返回 t；否则返回 f
IFNULL (n1, n2)	判断第一个表达式是否为 NULL，如果为 NULL 则返回第二个表达式的值，如果不为 NULL 则返回第一个表达式的值
ISNULL (n1, n2)	n1 与 n2 的数据类型必须一致。如果 n1 的值不为 NULL，结果返回 n1，如果 n1 为 NULL，结果返回 n2 的值
NULLIF (n1, n2)	如果 n1 = n2，则返回 NULL，否则返回 n1

【例 7-11】 常见流程控制函数示例如下所示。

(1) SELECT IFNULL(NULL,3);

该语句得到的结果为 3。

(2) SELECT ISNULL(NULL,4);

该语句得到的结果为 4。

(3) SELECT NULLIF (2,2);

该语句得到的结果为 NULL。

(4) SELECT NULLIF (2,1);

该语句得到的结果为 2。

5. 聚合函数

聚合函数通常用来对一组值执行计算，并返回单个值，也被称为组函数。

常见的聚合函数如表 7-5 所示。

表 7-5　常见的聚合函数

函　数	作　　用
COUNT (列名/*)	返回指定列中非 NULL 值的个数
AVG (列名)	返回指定列的平均值
MIN (列名)	返回指定列的最小值
MAX (列名)	返回指定列的最大值
SUM (列名)	返回指定列的所有值总和

【例 7-12】 常见聚合函数示例如下所示。

(1) SELECT COUNT (姓名) FROM STUDENT.学生;
COUNT(列名)会忽略所有的 NULL 值。

(2) SELECT COUNT(*) FROM STUDENT.学生;
COUNT(*)不会忽略 NULL 值，本质是计算行数。

(3) SELECT COUNT(1) FROM STUDENT.学生;
COUNT (1)不会忽略 NULL 值，计算行数，作用与 COUNT(*)相同。

(4) SELECT SUM(成绩) INTO SumScore FROM STUDENT.选修;
返回成绩列的所有值之和，并赋值给 SumScore。

(5) SELECT AVG(成绩) INTO AvgScore FROM STUDENT.选修;
返回成绩列的平均值，并赋值给 AvgScore。

(6) SELECT MAX(成绩) INTO MaxScore FROM STUDENT.选修;
返回成绩列的最大值，并赋值给 MaxScore。

(7) SELECT MIN(成绩) INTO MinScore FROM STUDENT.选修;
返回成绩列的最小值，并赋值给 MinScore。

6. 加密解密函数

加密解密函数通常用来对字符串进行加密，常见的加密函数如表 7-6 所示。

表 7-6　常见的加密函数

函　数	作　用
AES_ENCRYPT (str, key)	返回用密钥 key 对字符串 str 利用高级加密标准算法加密后的结果，调用 AES_ENCRYPT 的结果是一个二进制字符串，以 BLOB 类型存储
AES_DECRYPT (str, key)	返回用密钥key对字符串str利用高级加密标准算法解密后的结果

7. 其他函数

达梦中还有一些关于数据库名、用户名等的函数，常见的如表 7-7 所示。

表 7-7　常见的数据库函数

函　数	作　用
CUR_DATABASE ()	返回当前数据库名
SESSID ()	返回当前连接的 ID
USER ()	返回当前登录用户名

【例 7-13】 常见数据库函数示例如下所示。

(1) SELECT CUR_DATABASE ();
该语句得到的结果为 DAMENG。

(2) SELECT USER ();
该语句得到的结果为 SYSDBA(当前用户为 SYSDBA 时的结果)。

(3) SELECT SESSID();
该语句得到的结果为 1577820456(不同连接的 ID 值不同)。

7.2.2　函数的调用

达梦数据库通常采用 SELECT 语句来调用函数，语法如下所示。

```
SELECT  函数名([<实参列表>]) [FROM 表名];
```

使用常用函数解决具体问题示例如下所示。

【例 7-14】 数据库的字段值，可以作为函数的参数输入。比如，CONCAT 函数用于拼接字符串，可以将 Employees 表中“last_name”“first_name”字段的值用“_”拼接在一起。语句如下所示。

```
SELECT CONCAT (last_name,'_', first_name) FROM Employees;
```

某个函数的结果也可以作为另一个函数的输入。

【例 7-15】 将学生姓和名全部大写并进行连接，需要嵌套使用 UPPER 与 CONCAT 函数，语句如下所示。

```
SELECT CONCAT (UPPER (last_name), UPPER (first_name)) FROM Employees;
```

【例 7-16】 查询当前日期的年度的语句如下所示。

```
SELECT YEAR (NOW ());
```

【例 7-17】 查询学生表中学号、姓名、性别，并将性别字段的值显示为“M”(对应“男”)或“F”(对应“女”)，语句如下所示。

```
SELECT  学号, 姓名, (IF (性别='男', 'M', 'F')) AS  性别  FROM STUDENT.学生;
```

【例 7-18】 返回参数“bill”的字节数，语句如下所示。

```
SELECT LENGTH('bill');
```

该语句得到的结果为 4。

注意：

达梦数据库参考了 SQL SERVER 数据库，可以直接在 SELECT 后加表达式，不用 FROM 子句。而在 ORACLE 中，必须带 FROM 子句。

7.3　存储函数

7.3.1　存储函数的概念

当 DM 数据库系统内置的函数不能满足用户业务处理需求时，用户可以创建并使用存储函数来实现自定义处理逻辑的封装与重用。

简单来讲，存储函数就是用户自己定义的函数，而 DM 数据库函数是内置的，不需要定义就可以使用。

7.3.2 存储函数的使用

存储函数的使用包括创建存储函数、调用存储函数、删除存储函数等，具体使用方法如下所示。

1. 创建存储函数

创建存储函数的语法如下所示。

```
CREATE [OR REPLACE] FUNCTION 函数名(参数列表)
RETURN 函数值类型 AS 变量
BEGIN
    SQL;
END;
```

下面通过一个示例来说明如何定义存储函数。

【例 7-19】 现有某公司主管要查询给定城市的员工平均工资，可以采用存储函数的方法，存储函数的定义如下所示。

```
CREATE OR REPLACE FUNCTION avg_salaryincity (city_name IN VARCHAR (10))
    RETURN NUMBER AS
    Avgsalary NUMBER (10, 2);
    Citynum NUMBER;
BEGIN
    SELECT cityid INTO Citynum FROM city WHERE cityname = city_name;
    SELECT AVG (salary) INTO Avgsalary FROM employee WHERE department_id IN (SELECT
department_id FROM DEPARTMENT WHERE location_id = cityid);
    RETURN Avgsalary;
    EXCEPTION
        WHEN NO_DATA_FOUND THEN
            PRINT '错误：该城市没有员工！';
END;
```

2. 调用存储函数

用户调用存储函数时，同样可以使用 SELECT 语句，语法如下所示。

【例 7-20】 使用此存储函数，查询北京员工的平均工资。

```
SELECT avg_salaryincity ('北京');
```

【例 7-21】 使用赋值语句调用存储函数，查询北京员工的平均工资，语句如下所示。

```
Avg_salary:= avg_salaryincity ('北京');
```

或

```
SET Avg_salary= avg_salaryincity ('北京');
```

3. 删除存储函数

删除存储函数语法如下所示。

```
DROP FUNCTION 存储函数名;
```

7.3.3　存储函数示例

【例 7-22】 创建并调用存储函数查询指定省份的学生数量。

```
--创建存储函数
CREATE FUNCTION fun_test (province_name IN VARCHAR (10))
RETURN INT
AS
    --定义变量
    s_count INT;
BEGIN
    -- 查询指定籍贯学生数量并为 s_count 赋值
    SELECT COUNT (*) INTO s_count FROM STUDENT.学生 WHERE 籍贯 = province_name;
    --返回统计结果
    RETURN s_count;
END;
```

7.3.4　存储函数与存储过程的比较

业务处理逻辑通过存储函数或者存储过程实现，可以对业务处理逻辑进行封装，从而提高业务逻辑的重用性。存储函数与存储过程都是数据库中的对象，可以通过数据库管理员对用户进行权限控制，提高数据库的安全性。

存储函数与存储过程的区别主要有以下 4 点：

(1) 存储过程没有返回值，调用时只能通过访问 OUT 或 IN OUT 参数来获得执行结果，而存储函数有返回值，它把执行结果直接返回给调用者。

(2) 存储过程可以没有返回语句，而存储函数必须通过返回语句(RETURN)结束。

(3) 存储过程不能在返回语句中带表达式，而存储函数的返回语句可以带表达式。

(4) 存储过程不能出现在表达式中，而存储函数只能出现在表达式中。

7.4　触　发　器

7.4.1　触发器的概念

数据表在使用过程中，需要满足数据表中的完整性约束条件。例如，学生表在使用过程中有如下规定。

(1) 在插入学生信息时，主键学号不能为空或 0。

(2) 通过学号删除学生信息时，需要实现学生表和成绩表的级联删除。

这两种情况可以采用多个 SQL 语句来进行实现，实现方法如下所示。

要满足规定(1)，用户需要在进行数据插入之前，判断插入数据的学号是否为空或 0。

要满足规定(2)，用户需要在学生表中删除某学生的信息时，在课程表中删除该学生的选课信息。

每次进行插入和删除时，都需要重复编写 SELECT 和 DELETE 语句，类似这样的处理十分烦琐，而且通常需要反复进行，用户想要避免这种重复操作，可以采用触发器。

触发器(TRIGGER)是一种特殊类型的存储过程，但它不同于普通的存储过程，不能被调用，也不传递或接收参数，触发器是通过事件进行触发而被执行的。例如，对某一表进行 UPDATE、INSERT、DELETE 等操作时，DM 就会自动执行触发器所定义的语句。

触发器的主要功能有如下 7 种：

(1) 触发器可以对表自动地进行复杂的安全性、完整性检查。

(2) 触发器可以允许或者限制对表的修改。

(3) 触发器可以在对表进行 DML 操作之前或者之后进行其他处理。

(4) 进行审计，触发器可以对表上的操作进行跟踪。

(5) 触发器可以防止无效的事务处理。

(6) 触发器可以启用复杂的业务逻辑。

(7) 触发器可以实现不同节点间数据库的同步更新。

补充知识：

触发器是激发该触发器的语句的一个组成部分，即直到一个语句激发的所有触发器执行完成之后，该语句才结束，而其中任何一个触发器执行的失败，都将导致该语句的失败。比如，创建了一个 UPDATE 语句的触发器，这个触发器就成为了 UPDATE 语句的一部分，当触发器执行完毕时，UPDATE 语句才执行完毕。

正是因为如此，触发器中不能包含事务控制的 COMMIT 或 ROLLBACK 语句，因为触发器是激发语句的一部分，激发语句被提交、回退时，触发器也会被提交、回退。

7.4.2　触发器的组成与种类

1. 触发器的组成部分

触发器主要包括 6 个组成部分，分别是触发事件、触发时间、触发操作、触发对象、触发条件和触发频率。

1) 触发事件

触发事件是引起触发器被触发的事件。例如，DML 语句(INSERT、UPDATE、DELETE 语句对表或视图执行数据处理操作)、DDL 语句(如 CREATE、ALTER、DROP 语句在数据库中创建、修改、删除模式对象)、数据库系统事件(如系统启动或退出、异常错误)、用户事件(如用户登录或退出数据库)。

2) 触发时间

触发时间是该触发器是在触发事件发生之前(BEFORE)还是之后(AFTER)被触发，也就是触发事件和该触发器的操作顺序。

3) 触发操作

触发操作是该触发器被触发之后的目的和意图，是触发器本身要做的事情，例如调用某一存储过程。

4) 触发对象

触发对象包括表、视图、模式、数据库，只有在这些对象上发生了符合触发条件的触发事件，才会执行触发操作。

5) 触发条件

触发条件是由 WHEN 子句指定的逻辑表达式，只有当该表达式的值为 True 时，遇到触发事件才会自动执行触发器，使其执行触发操作。例如，条件是当学号为 0 时(WHEN 学号 = 0)。

6) 触发频率

触发频率是触发器内定义的动作被执行的次数。

2. 触发器种类

DML 触发器可以分为 DML 触发器、INSTEAD OF 触发器、系统事件触发器和 DDL 触发器，四种类型触发器的介绍如下所示。

1) DML 触发器

DML 触发器由 DML 语句触发，例如 INSERT、UPDATE 和 DELETE 语句。针对所有的 DML 事件，按触发的时间可以将 DML 触发器分为 BEFORE 触发器与 AFTER 触发器，分别表示在 DML 语句发生之前或之后采取行动。另外，DML 触发器也可以分为语句级触发器与行级触发器。其中，语句级触发器针对某一条语句只触发一次，而行级触发器则针对语句所影响的每一行都会触发一次。例如，某条 UPDATE 语句修改了表中的 100 行数据，那么针对该 UPDATE 事件的语句级触发器将被触发 1 次，而行级触发器将被触发 100 次。

【例 7-23】 创建一个触发器，作用是当学生表被删除一条学生记录时，把被删除的数据写到被删除学生表中，语句如下所示。

```
--创建触发器名为 DelStu
CREATE OR REPLACE TRIGGER DelStu
--指定触发器的触发时机为删除操作之前
BEFORE DELETE ON STUDENT.学生
--说明触发器为行级触发器
FOR EACH ROW
--触发操作开始
BEGIN
    INSERT INTO STUDENT.被删除学生 (学号, 姓名, 性别，出生日期，籍贯) VALUES (:old.
```

```
学号, :old.姓名, :old.性别, :old.出生日期, :old.籍贯);
    END;
```

注意：

该触发器使用的前提是有与学生同结构的被删除学生表。

测试该触发器语句如下所示。

```
--删除学生表中籍贯为西安的学生
DELETE STUDENT.学生  WHERE  籍贯  LIKE '%西安%';
```

检查被删除学生表中是否出现被删除的学生信息。如果出现，说明触发器已经生效；如果没有出现，说明触发器没有生效。

2) INSTEAD OF 触发器

INSTEAD OF 触发器又称为替代触发器，用于执行一个替代操作来代替触发事件的操作。例如，针对 DELETE 事件的 INSTEAD OF 触发器，它由 DELETE 语句触发，当出现 DELETE 语句时，该删除语句不会被直接执行，而是执行 INSTEAD OF 触发器中定义的语句。

注意：

创建 INSTEAD OF 触发器需要注意以下 3 点：

(1) INSTEAD OF 触发器只能被创建在视图上，并且该视图没有指定 WITH CHECK OPTION 选项。不能对表、模式和数据库建立 INSTEAD OF 触发器。

(2) INSTEAD OF 触发器不能指定 BEFORE 或 AFTER 选项。

(3) INSTEAD OF 触发器只能是行级触发器，即 INSTEAD OF 触发器只能在行级触发，无需指定。

3) 系统事件触发器

系统事件触发器也称为 DB 触发器，在发生如数据库启动或者关闭等系统事件时触发，包括数据库服务器的启动或关闭，用户的登录与退出、数据库服务错误等。

【例 7-24】 创建登录、退出的触发器语句。

```
--创建登录日志表
CREATE TABLE log_in
(
username VARCHAR (10),
address VARCHAR (20),
logon_date TIMESTAMP,
logoff_date TIMESTAMP
)

--创建登录触发器
CREATE OR REPLACE TRIGGER tr_login
AFTER LOGON ON DATABASE
```

```
    BEGIN
        …
        INSERT INTO log_in (username, address, logon_date) VALUES (ora_login_user,
ora_client_ip_address, SYSTIMESTAMP);
    END;

    --创建退出触发器
    CREATE ORREPLACE TRIGGER tr_logoff
    BEFORE LOGOFF ON DATABASE
    BEGIN
        …
        INSERT INTO log_in (username, address, logoff_date) VALUES (ora_login_user, ora_client_
ip_address, SYSTIMESTAMP);
    END;
```

4) DDL 触发器

DDL 触发器由 DDL 语句触发，如 CREATE、ALTER 和 DROP 语句。DDL 触发器可以分为 BEFORE 触发器与 AFTER 触发器。

注意：

使用触发器需要注意以下事项：

(1) 触发器不接受参数。

(2) 一个表上最多可有 12 个触发器，但同一时间、同一事件、同一类型的触发器只能有 1 个，且各触发器之间不能有矛盾。

(3) 用户在一个表上创建的触发器越多，对在该表上 DML 操作的性能影响就越大。

(4) 触发器最大为 32 KB。若确实需要，可以先建立过程，然后在触发器中用 CALL 语句进行调用。

(5) 在触发器的执行部分只能用 DML 语句(SELECT、INSERT、UPDATE、DELETE)，不能使用 DDL 语句(CREATE、ALTER、DROP)。

(6) 触发器中不能包含事务控制语句(COMMIT、ROLLBACK、SAVEPOINT)。因为触发器是触发语句的一部分，触发语句被提交、回退时，触发器也被提交、回退。

(7) 在触发器主体中调用的任何过程、函数，都不能使用事务控制语句。

(8) 不同类型的触发器(DML 触发器、INSTEAD OF 触发器、系统触发器)的语法和作用有较大区别。

(9) 触发器声明变量使用“:=”符号来赋值，新值 new、旧值 old 前面不要忘记“:”符号。

7.4.3　触发器的使用

触发器的类型不同，触发器的使用方法也不同。

1. DML 触发器

创建 DML 触发器的语法如下所示。

```
CREATE  [OR REPLACE]  TRIGGER <触发器名>  [WITH ENCRYPTION]
<BEFORE|AFTER><DELETE|INSERT|UPDATE>[OF 列名]ON <触发表名>
<REFERENCING> OLD| NEW [ROW] [AS] <引用变量名>
[FOR  EACH  {ROW |STATEMENT}]
[WHEN  (<条件表达式>)]<触发器体>
BEGIN
…
END;
```

DML 触发器可以分为行级触发器和语句级触发器，带有 FOR EACH ROW 的是行级触发器，带有 FOR EACH STATEMENT 的是语句级触发器。语句级触发器只触发一次，而行级触发器触发的次数由受影响行数决定。AFTER 和 BEFORE 型触发器不支持在视图上创建。

【例 7-25】 对于 7.4.1 节的规定，可以定义如下触发器。

规定 1 的语句如下：

```
CREATE TRIGGER STUDENT.stu_1
AFTER UPDATE ON STUDENT.学生
FOR EACH ROW
    student_id INT;
BEGIN
    SET student_id = :new.学号;
    IF student_id = 0 THEN
        RAISE_APPLICATION_ERROR(-20001, '不能插入学号为 0 的学生数据！');
    END IF;
END;
```

规定 2 的语句如下：

```
CREATE TRIGGER STUDENT.stu_2
BEFORE DELETE ON STUDENT.学生
FOR EACH ROW
BEGIN
    DELETE FROM STUDENT.选修  WHERE  学号  = :old.学号;
END;
```

2. DDL 触发器

创建 DDL 触发器的语法如下所示。

```
CREATE[OR REPLACE] TRIGGER <触发器名>
<BEFORE|AFTER> <CREATE|ALTER|DROP|TRUNCATE>
ON SCHAMA|DATABASE;
```

```
BEGIN
…
END;
```

3. INSTEAD OF 触发器

创建 INSTEAD OF 触发器的语法如下所示。

```
CREATE[OR REPLACE] TRIGGER <触发器名>
INSTEAD OF <DELETE|INSERT|UPDATE>ON<视图>
BEGIN
…
END;
```

注意：

INSTEAD OF 触发器是行级触发器，它只能在视图上创建。

4. 系统事件触发器

创建系统事件触发器的语法如下所示。

```
CREATE OR REPLACE TRIGGER <触发器名>
<BEFORE|AFTER> <STARTUP|SHUTDOWN|LOGON|LOGOFF>
ON DATABASE;
```

补充知识：

不同种类触发器的触发有一定的次序，触发次序如下所示。

(1) 执行 BEFORE 语句级触发器。

(2) 对于受影响的每一行：

① 执行 BEFORE 行级触发器。

② 执行 DML 语句。

③ 执行 AFTER 行级触发器。

④ 执行 AFTER 语句级触发器。

7.4.4　触发器的用途与特点

触发器用来实现复杂的处理逻辑，它有 6 大主要优势：

(1) 触发器可以确保数据库的安全。可以基于时间限制用户的操作，例如，不允许下班后和节假日修改数据库数据。也可以基于数据库中的数据限制用户的操作，例如，不允许价格的升幅一次超过 10%。

(2) 触发器可以实施复杂的安全性授权。利用触发器控制实体的安全性，可以将权限授予各种数据库用户。

(3) 触发器可以提供复杂的审计功能。审计用户操作数据库的语句，把用户对数据库的更新写入审计表。例如，将用户对数据库的删除操作进行记录，将被删除的信息插入到

DELETE 表中。

(4) 触发器可以维护不同数据库之间的同步表。在不同的数据库之间，可以利用快照来实现数据的复制，但有些系统要求两个数据库数据实时同步，就必须利用触发器从一个数据库中向另一个数据库复制数据。

(5) 触发器可以实现复杂的数据完整性约束规则。实现非标准的数据完整性检查和约束，触发器可产生比规则更为复杂的限制。与规则不同，触发器可以引用列或数据库对象，提供可变的缺省值。触发器可以强制使用比 CHECK 约束更为复杂的约束。与 CHECK 约束不同，触发器可以引用其他表中的列。例如，触发器可以使用另一个表中的 SELECT 比较插入或更新的数据，以及执行其他操作，例如修改数据或显示用户定义错误信息。

(6) 触发器可以实现复杂的、非标准的数据库参照完整性规则。触发器可以对数据库中相关的表进行级联更新。例如，在学生表上的DELETE触发器可响应学生表上的DELETE操作，当删除一个学生，要同时删除他的选课记录。

触发器能够拒绝那些破坏参照完整性的变化，抛出异常来中断进行数据更新的事务。当插入一个与其主键不匹配的外键时，这种触发器会起作用。触发器可通过数据库中的相关表实现级联更改，不过，通过级联引用完整性约束可以更有效地执行这些更改。

触发器也可以评估数据修改前后表的状态，并根据其差异采取对策。一个表中的多个同类触发器(INSERT、UPDATE 或 DELETE)，允许采取多个不同的对策以响应同一个修改语句。

触发器虽然功能强大，可以可靠地实现许多复杂的功能，但它也有两个缺点：

(1) 用户滥用触发器会造成数据库及应用程序的维护困难。在数据库操作中，可以通过关系、触发器、存储过程、应用程序等实现数据操作，同时，规则、约束、缺省值也是保证数据完整性的重要保障。

(2) 用户对触发器过分依赖，会影响数据库的结构，同时也增加了维护数据库和程序的复杂程度。

触发器和存储过程有很多相似之处，又有很多区别。表 7-8 列出了所示触发器和存储过程的区别。

表 7-8　触发器和存储过程的区别

触 发 器	存 储 过 程
当某种数据操作 DML 语句发生时自动隐式地调用	从一个应用或过程中显式地调用
在触发器体内禁止使用 COMMIT 和 ROLLBACK 语句	可以使用 COMMIT 和 ROLLBACK 语句
不能接受参数输入	可以接受参数输入
不能返回任何结果	可以返回结果

7.5 游　　标

7.5.1 游标的概念

用户如果需要获取学生表中所有学生的学号和姓名，并打印输出，则需要遍历整个数据表。这种操作不能使用 SELECT…INTO 语句，因为 DM SQL 中使用 SELECT…INTO 语句将查询结果存放到变量中进行处理的方法只能返回 1 条记录，否则就会产生 TOO_MANY_ROWS 错误。为了解决这个问题，需要使用游标。游标(CURSOR)是数据库中的一种重要技术，DM SQL 程序通过游标提供了对结果集进行逐行处理的能力。

下面通过查询学生数据的实例来介绍游标。

【例 7-26】 使用游标来查询学生表中的数据，语法如下：

```
DECLARE
    --声明游标 std
    CURSOR std IS SELECT 学号, 姓名 FROM STUDENT.学生;
    --声明变量，用于存储姓名
    s_name VARCHAR (20);
    --声明变量，用于存储学号
    s_no VARCHAR (10);
BEGIN
    --打开游标 std
    OPEN std;
    --循环遍历数据集
    LOOP
        --游标的移动：从数据集中取下一条记录
        FETCH NEXT Std INTO s_name, s_no;
        --如果没有取到数据则退出循环
        EXIT WHEN std %NOTFOUND;
        --输出
        PRINT s_name||'的学号是'||s_no;
    END LOOP;
    --关闭游标
    CLOSE std;
END;
```

游标实际上由一个记录的集合以及一个指向该集合中某一记录的指针构成。正是因为指针的存在，使得程序能够通过游标访问记录集合中的单一记录；通过移动这个指针，又可以对集合中的任意多个记录进行访问。就像读书一样，书上有很多行字，不可能一次读出来，当用手指依次指向每一行的时候，可以把书上的每个字读出来。如果说数据集合是一种二维数据访问方式的话，那么游标可以将二维数据降维成一维数据进行访问。

游标总是与一条 SELECT 语句绑定，意味着游标可以访问这条 SELECT 语句查询的结果集，这个集合可能有 0 到 N 条记录；游标指针指向记录集中的记录后，程序就可以像访问记录类型数据一样来访问这条记录。

7.5.2　游标的使用方法

1. 游标的使用与分类

使用游标之前必须先定义，定义游标实际上是定义了一个游标工作区，并给该工作区分配了一个指定名称的指针。在打开游标时，就可从指定的基表中取出所有满足查询条件的行，送入游标工作区并根据需要分组排序，同时将指针置于第一行的前面以备读出该工作区的数据。当对行集合操作结束后，应关闭游标，释放与游标有关的资源，释放内存。

游标分为静态游标和动态游标。静态游标为只读游标，总是按照打开游标时的原样显示结果集，在编译时能确定静态游标使用的查询。

静态游标分为隐式游标和显式游标：

隐式游标无须定义，在执行 DML 语句或 SELECT…INTO 语句时，DMSQL 程序自动声明一个隐式游标并管理它，此隐式游标的名称为“SQL”。

显式游标指向一个查询语句的结果集，当需要处理返回多条记录的查询时，应该显式地定义游标以处理结果集的每一行。

使用显式游标包含以下 5 个步骤：

(1) 定义游标。

(2) 打开游标。

(3) 循环读取数据，指针前移。

(4) 测试游标数据是否提取完毕，如果没有则继续提取数据。

(5) 关闭游标。

2. 与游标有关的语句

DM SQL 程序提供了 4 条有关游标的语句：定义游标的语句、打开游标的语句、读取游标的语句和关闭游标的语句。

1) 定义游标的语句

定义游标是指给游标指定一个名称和与之相联系的 SELECT 语句，语法如下：

```
CURSOR 游标名 [(参数 1 数据类型[,参数 2 数据类型]…)]
[RETURN 返回数据类型]  [FAST| NO FAST]
IS SELECT 语句;
```

其中，FAST 属性指定游标是否为快速游标。当没有 FAST 属性时，默认为 NO FAST 对应的普通游标。若定义游标时设置 FAST 属性，则将游标定义为快速游标，该游标在执行过程中会提前返回结构集，速度明显提升。快速游标的使用约束如下所示。

(1) 在使用快速游标的 PLSQL 语句块中不能修改快速游标所涉及的表。

(2) 快速游标上不能创建引用游标。

(3) 快速游标不支持动态游标。

(4) 快速游标不支持游标更新和删除。

(5) 快速游标不支持 NEXT 以外的 FETCH 方向。

【例 7-27】 创建名为 stu_cursor 的不带参数游标。该游标要从学生表中查出籍贯为西安的学生的学号、姓名、性别和出生日期。语句如下：

```
DECLARE
CURSOR stu_cursor IS
SELECT 学号, 姓名, 性别，出生日期 FROM STUDENT.学生 WHERE 籍贯 ='西安';
```

【例 7-28】 创建名为 stu_cursor 的带参数游标。参数为 Sscore INT，代表成绩阈值。该游标要从成绩表中查出成绩大于等于阈值的学生的学号和课程号。语句如下：

```
DECLARE
CURSOR stu_cursor (Sscore INT) IS
SELECT 学号, 课程号 FROM STUDENT.选修 WHERE 成绩 >= Sscore;
```

2) 打开游标的语句

定义游标以后，只是将游标与查询建立了关联，需要执行打开游标的操作，才能执行查询来获得记录集。打开游标的作用是为 DM 服务器分配内存空间，解析和执行 SQL 语句，并将指针指向第一行。打开游标的语法如下：

```
OPEN 游标名[(参数值 1 [,参数值 2]…)];
```

【例 7-29】 创建并打开不带参数的游标，查询籍贯为西安的学生的信息，语句如下：

```
DECLARE
CURSOR stu_cursor IS
SELECT 学号, 姓名, 性别, 出生日期 FROM STUDENT.学生 WHERE 籍贯 ='西安';
BEGIN
    OPEN stu_cursor;
END;
```

【例 7-30】 创建并打开带参数的游标，查询成绩大于该参数的学生的学号和课程号，语句如下：

```
DECLARE
CURSOR stu_cursor (Sscore INT) IS
SELECT 学号, 课程号 FROM STUDENT.选修 WHERE 成绩 >= Sscore;
BEGIN
    OPEN stu_cursor (80);
END;
```

3) 读取游标的语句

游标打开以后，就可以用 FETCH 语句获取数据到变量中，同时将指针向前移动一行。读取数据的变量的数量和类型必须与定义游标时 SELECT 语句选择的字段一致。语法如下：

```
FETCH [[NEXT|PRIOR|FIRST|LAST|ABSOLUTE n|RELATIVE n]] [FROM]] <游标名> [INTO
<赋值对象>{,<赋值对象>}];
<FETCH 选项>:: = NEXT|PRIOR|FIRST|LAST|ABSOLUTE n|RELATIVE n
```

其中，FETCH 选项的参数说明如下：

(1) NEXT：游标下移一行。

(2) PRIOR：游标前移一行。

(3) FIRST：游标移动到第一行。

(4) LAST：游标移动到最后一行。

(5) ABSOLUTE n：游标移动到第 n 行。

(6) RELATIVE n：游标移动到当前指示行后的第 n 行。

(7) <游标名>：指明被读取数据的游标的名称。

【例 7-31】 游标读取数据的语句如下：

```
DECLARE
CURSOR stu_cursor (Sscore INT) IS
SELECT 学号, 课程号 FROM STUDENT.选修 WHERE 成绩 >= Sscore;
Stu_no STUDENT.选修 学号%TYPE;
Stu_cname STUDENT.选修 课程号%TYPE;
BEGIN
    OPEN stu_cursor (80);
    FETCH stu_cursor INTO Stu_no, Stu_cname;
    PRINT Stu_no;
    PRINT Stu_cname;
END;
```

为了逐行读取游标，需要采用游标循环。游标循环有 3 种方式：LOOP…END LOOP、WHILE…LOOP 和 FOR 循环。可以通过%FOUND 或%NOTFOUND 来判断指针移动后是否成功接收到数据。

下面采用例 7-32、例 7-33 和例 7-34 来说明游标循环的三种方式的不同之处。

【例 7-32】 创建使用 LOOP…END LOOP 循环的游标，语句如下：

```
DECLARE
CURSOR stu_cursor (Sscore INT) IS
SELECT 学号, 课程号 FROM STUDENT.选修 WHERE 成绩 >= Sscore;
Stu_no STUDENT.选修. 学号%TYPE;
Stu_cname STUDENT.选修. 课程号%TYPE;
BEGIN
    OPEN stu_cursor (80);
    LOOP
        FETCH stu_cursor INTO Stu_no, Stu_cname;
        EXIT WHEN stu_cursor%NOT FOUND;
        PRINT Stu_no||','||Stu_cname;
    END LOOP;
END;
```

📖 **补充知识：**

例 7-32 中利用“stu_cursor%NOT FOUND”进行游标读取结果的判断：当在游标当前位置无法读取到数据(即游标已经移动到最后一条记录的后面；或者游标刚打开但没有任何记录)时，其值为 TRUE，“EXIT WHEN”语句 WHEN 条件成立，退出循环；否则，继续进行循环体中逻辑的处理。

【例 7-33】 创建使用 WHILE…LOOP 循环的游标，语句如下：

```
DECLARE
CURSOR stu_cursor (Sscore INT) IS
SELECT 学号, 课程号 FROM STUDENT.成绩 WHERE 成绩 >= Sscore;
Stu_no Student.学号%TYPE;
Stu_cname Student.课程号%TYPE;
BEGIN
    OPEN stu_cursor (80);
    FETCH stu_cursor INTO Stu_no, Stu_cname;
        WHILE stu_cursor%FOUND
        LOOP
            PRINT Stu_no||','||Stu_cname;
            FETCH stu_cursor INTO Stu_no, Stu_cname;
        END LOOP;
    CLOSE stu_cursor;
END;
```

📖 **补充知识：**

例 7-32 和例 7-33 中通过“Stu_no STUDENT.选修.学号%TYPE;”定义了和选修表中“学号”字段相同类型的字符变量。与直接定义类型的方式相比，这样的定义在表结构修改时，可以不用修改数据类型，因此，使用起来更加方便。

FOR 循环是一种简化的游标循环方法，可以自动打开和关闭游标，提取数据，推进指针。语法如下：

```
FOR 记录名 IN 游标名 LOOP
    Statement 1;
    …
END LOOP;
```

【例 7-34】 创建使用 FOR 循环的游标，语句如下：

```
DECLARE
CURSOR stu_cursor (Sscore INT) IS
SELECT 学号, 课程号 FROM STUDENT.选修 WHERE 成绩 >= Sscore;
```

```
BEGIN
    FOR Stu IN stu_curosr (80) LOOP
        PRINT Stu.学号||','||Stu.课程号;
        END LOOP;
END;
```

上面的例子中在遍历记录集时使用了 LOOP 循环，每执行一次循环，使用 FETCH NEXT 将指针移向下一条记录，如果取到数据，则%NOTFOUND 的值为 False，继续进行循环；当记录指针已经指向集合中的最后一条记录时，如果再次执行 FETCH NEXT，则会使指针指向最后一条记录之后的位置，这时%NOTFOUND 变量的值为 True，说明已经完成了所有记录的处理，退出循环。

FETCH INTO 关键字后面的变量个数、类型必须与游标关联的查询语句中 SELECT 子句里的字段个数、类型一一对应。每次移动游标以后，如果取到了数据，都会把当前记录中的每个字段值依次赋给 INTO 后面的变量。

通常在实际程序中，可以通过循环结构对游标关联数据集进行遍历，通过检测%FOUND 或%NOTFOUND 来判断是否取到数据，如果没有取到数据则说明遍历完成，如果取到数据则继续遍历。

4) 关闭游标的语句

因为游标在使用过程中需要占用大量系统资源，所以使用完后应及时关闭，以释放它所占用的资源。关闭游标的语法如下：

```
CLOSE 游标名;
```

【例 7-35】 关闭例 7-34 中的 stu_cursor 游标。语句如下：

```
CLOSE stu_cursor;
```

> 📖 **补充知识：**
> 游标关闭以后，不能再从游标中获取数据。如果还需要访问游标中的数据，可以再次打开游标。

3. 游标的属性

游标有四个属性，分别是%ISOPEN、%NOTFOUND、%FOUND 和%ROWCOUNT。

(1) %ISOPEN 用于判断游标是否打开，如果游标打开，则返回 True。

(2) %NOTFOUND 用于判断游标是否存在数据，如果游标按照条件没有查询出数据，则返回 True。

(3) %FOUND 用于判断游标是否存在数据，如果游标按照条件查询出数据，则返回 True。

(4) %ROWCOUNT 用来计算从游标取回数据的行数。

这四个属性中，前三个为 Boolean 型，%ROWCOUNT 为 INT 型。

7.5.3　游标变量

前面介绍的游标是静态游标，静态游标与一个特定的 SQL 语句关联，并且 SQL 语句在编译时已经确定，不能改变。如果在程序中需要改变与游标关联的 SELECT 语句，则可以使用动态游标。使用动态游标，通常要用到游标变量。游标变量是一个引用类型(REF)的变量，它与 C 或 Pascal 语言中的指针类似。当程序运行时使用游标变量可以指定不同的查询，所以游标变量的使用比静态游标更灵活。

使用游标变量的 4 个步骤是：首先，定义游标变量；然后使用 OPEN 打开游标变量；其次，使用 FETCH 从结果集中读取行；最后，当所有的行都处理完毕时，使用 CLOSE 关闭游标。

1. 定义游标变量

定义游标变量的语法如下：

```
TYPE 游标变量类型名 IS REF CURSOR [RETURN 返回类型];
游标变量名 游标变量类型;
```

其中，游标变量类型是在游标变量中使用的类型；返回类型表示一条记录或数据库表的一行。

【例 7-36】 定义游标变量的语句如下：

```
DECLARE
TYPE stu_cursor_type IS REF CURSOR RETURN STUDENT.学生%ROWTYPE;
stu_cursor stu_cursor_type;
```

TYPE 开头的行定义了一个类型——记录类型，其结构与学生表中的一行记录相同。游标变量的类型为 stu_cursor_type，通过游标类型定义游标变量，名字为 stu_cursor。

2. 打开游标变量

打开游标变量的语法如下：

```
OPEN 游标变量名 FOR SELECT 语句
```

游标变量有游标属性%FOUND、%ISOPEN 和%ROWCOUNT。在使用过程中，其他的 OPEN 语句可以为不同的查询打开相同的游标变量。

【例 7-37】 根据具体情况来决定打开游标的方式：第一种情况，游标用于搜索学生表中学生的信息；第二种情况，游标用于搜索分数大于 80 分的学生的成绩信息；其他情况下，采取其他方式。

```
IF choice = 1 THEN
        OPEN stu_cursor FOR SELECT * FROM Student.学生;
ELSEIF choice = 2 THEN
        OPEN stu_cursor FOR SELECT * FROM Student.选修 WHERE 分数>= 80;
ELSE…;
```

读取和关闭游标变量的方法与静态游标类似，此处不再重复介绍。

7.5.4　利用游标更新或删除数据

在处理复杂逻辑时，可以通过游标对数据表进行修改和删除，前提是该游标是可更新的。可更新游标的条件是游标定义中给出的查询必须是可更新的。

DM SQL 对可更新查询说明的规定如下：

(1) 查询的 FROM 后只带 1 个表名，且该表必须是基表或者可更新的视图。

(2) 查询的是单个基表或单个可更新视图的行列子集，SELECT 后的每个值表达式只能是单纯的列名，如果基表上有聚集索引键，则必须包含所有聚集索引键。

(3) 查询中不能带 GROUP BY 子句、HAVING 子句、ORDER BY 子句。

(4) 查询中不能带有嵌套子查询。

满足以上条件的查询语句是可更新的。当游标定义中给出的查询是可更新的时，就可以利用游标定位修改和删除数据表中的内容。

1. 游标定位修改语句

DM SQL 除了提供一般的数据修改语句外，还提供了游标定位修改语句，语法如下：

```
UPDATE <表引用>
SET <列名>=<值表达式>{,<列名>=<值表达式>}
[WHERE CURRENT OF <游标名>];
```

注意：

使用游标定位修改语句必须满足的条件如下：

(1) 语句中的游标在程序中已定义并被打开。

(2) 指定的游标表应是可更新的。

(3) 该基表应是游标定义中第一个 FROM 子句中所标识的表，所指的<列名>必须是表中的一个列，且不应在语句中多次出现。

(4) 语句中的值表达式不应包含集函数说明。

(5) 如果指定的表是可更新视图，其视图定义中使用了 WITH CHECK OPTION 子句，则该语句所给定的列值不应产生使视图定义中 WHERE 条件为假的行。

(6) 游标结果集必须确定，否则 WHERE CURRENT OF <游标名>无法定位。

【例 7-38】 将系号 20001 修改为 20002，语句如下：

```
DECLARE
CURSOR stu_cursor IS
SELECT * FROM STUDENT.学生  WHERE  系号=20001 FOR UPDATE;
BEGIN
    OPEN stu_cursor;
    FETCH NEXT 1 stu_cursor;
    UPDATE STUDENT.学生  SET  系号=20002 WHRER CURRENT OF stu_cursor;
    CLOSE stu-cursor;
END;
```

2. 游标定位删除语句

DM 系统中除提供了一般的数据删除语句之外，还提供了游标定位删除语句。语法如下：

```
DELETE FROM <表引用>[WHERE CURRENT OF <游标名>];
```

注意：

利用游标定位删除语句必须满足的条件如下：

(1) 语句中的游标在程序中已定义并被打开。

(2) 指定的游标表应是可更新的。

(3) 该基表应是游标定义中第一个 FROM 子句中所标识的表。

(4) 游标结果集必须确定，否则 WHERE CURRENT OF <游标名>无法定位。

游标打开后，指针指向游标的第一行之前，执行 FETCH 语句后，游标下移一行而指向第一行，再执行 DELETE 语句，则删除了指针所指的第一行，然后游标按顺序下移一行。语句如下：

【例 7-39】 删除籍贯为西安的学生，语句如下：

```
DECLARE
CURSOR stu_cursor IS
SELECT * FROM STUDENT.学生  WHERE  籍贯='西安' FOR UPDATE;
    BEGIN
    OPEN stu_cursor;
    FETCH NEXT 1 stu_cursor;
    DELETE FROM stu_cursor WHERE CURRENT OF stu_cursor;
    CLOSE stu-cursor;
END;
```

7.6　事　　务

7.6.1　事务的概念

复杂的业务逻辑通常需要转换成多条语句来完成。在执行这些语句的过程中，为防止程序故障，需要进行特别的控制。

【例 7-40】 银行转账是生活中常见的操作。例如，A 客户要给 B 客户转账 100 元，站在数据库系统的角度上，这个操作可以分为两个步骤：第一个步骤是 A 账户余额减少 100 元，第二个步骤是 B 账户余额增加 100 元，银行转账事务的过程如图 7-1 所示。

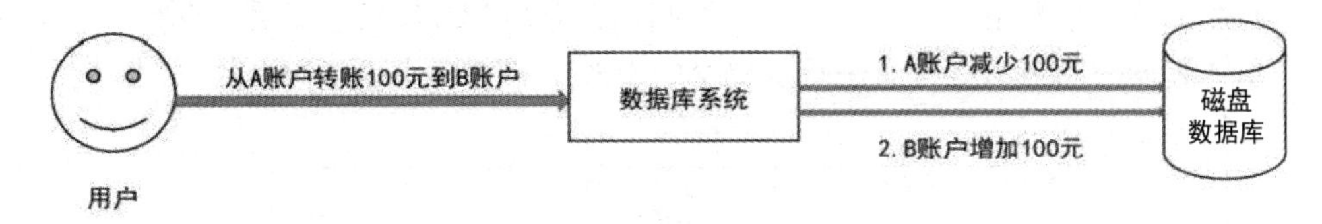

图 7-1　银行转账事务

在这个过程中可能会出现如下问题：

(1) 转账操作的第一步执行成功，A 账户上的钱减少了 100 元，但是第二步执行失败或者未执行便发生系统崩溃，导致 B 账户并没有相应增加 100 元。

(2) 转账操作刚完成就发生系统崩溃，系统重启恢复时丢失了崩溃前的转账记录。

(3) A 账户转账给 B 账户的同时另一个用户转账给 B 账户，由于同时对 B 账户进行操作，导致 B 账户的余额出现异常。

为了防止使用不同 SQL 语句引起程序故障，需要引入数据库事务。对于银行转账的例子，可以将转账相关的操作写在一个事务中，语句如下：

```
--事务开始
BEGIN TRANSACTION
--A 账户余额减 100
UPDATE Account SET Balance = Balance – 100 WHERE ID = 'A';
--B 账户余额加 100
UPDATE Account SET Balance = Balance + 100 WHERE ID = 'B';
--将转账记录添加到 LOG 表中
INSERT INTO LOG VALUES ('A', 'B', '100');
--事务提交
COMMIT;
```

1. 事务的定义

数据库事务(TRANSACTION)是作为单个逻辑工作单元的一系列操作的集合。这些操作要么都执行，要么都不执行，是一个不可分割的工作单位。事务是由事务开始与事务结束之间执行的全部数据库操作组成的。

2. 事务的性质

事务是恢复和并发控制的基本单位，具有以下 4 个性质。

(1) 原子性(Atomicity)：事务中的全部操作在数据库中是不可分割的，要么全部完成，要么全部不执行。

(2) 一致性(Consistency)：几个并行执行的事务，其执行结果必须与按某一顺序串行执行的结果相一致。

(3) 隔离性(Isolation)：事务的执行不受其他事务的干扰，事务执行的中间结果对其他事务必须是透明的。

(4) 持久性(Durability)：对于任意已提交事务，系统必须保证该事务对数据库的改变不被丢失，即使数据库出现故障。

当数据库操作失败或者系统出现崩溃时，系统能够以事务为边界进行恢复。例如，在运行事务时服务器突然断电，当系统重新启动时执行自动恢复(包括重新执行没有写入磁盘的已提交事务和回滚断电时还没有来得及提交的事务)。图 7-2 表示了事务的 ACID 特性和并发控制、日志恢复的关系。

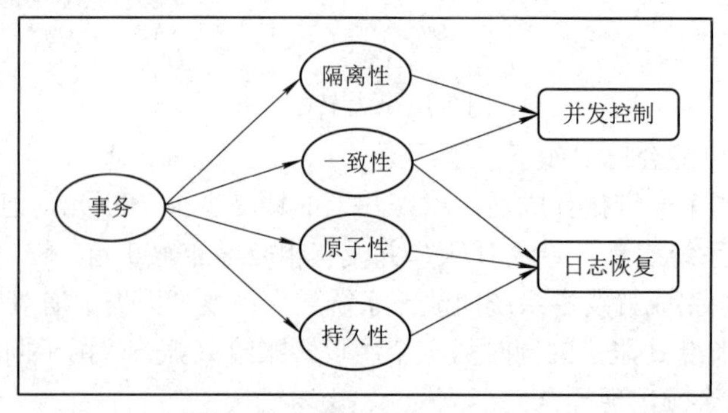

图 7-2 事务的 ACID 特性

当有多个用户同时操作数据库时，数据库能够以事务为单位进行并发控制，使多个用户对 B 账户的转账操作相互隔离。并发控制技术保证了事务的隔离性，使数据库的一致性状态不会因为并发执行的操作被破坏。对于并发控制，DBMS 是采用锁机制来实现的。当多个事务同时更新数据库中相同的数据时，只允许持有锁的事务更新该数据，其他事务必须等待，直到前一个事务释放了锁，其他事务才有机会更新该数据。

3. 事务的优点

以事务的方式对数据库进行访问，有如下优点：

(1) 把逻辑相关的操作分成了一个组，要么全都执行，要么都不执行。

(2) 在数据永久改变前，可以预览数据变化。

(3) 事务使系统能够更方便地进行故障恢复以及并发控制，从而保证数据库状态的一致性。

7.6.2　事务的使用

创建事务之后，可以开启事务、提交事务或回滚事务，语法如下：

```
--事务开始
BEGIN
    SQL1;
    SQL2;
--事务提交或者回滚
COMMIT/ROLLBACK;
```

数据库事务可以包含一个或多个数据库操作，但这些操作构成一个逻辑上的整体(SQL1 和 SQL2)。根据事务的原子性，构成逻辑整体的这些数据库操作，要么都执行，要么都不执行，可以使数据库保持一致性状态。

当事务被提交给 DBMS，则 DBMS 需要确保该事务中的所有操作都成功完成且其结果被永久保存在数据库中，如果事务中有的操作没有成功完成，则事务中的所有操作都需要被回滚，回到事务执行前的状态。同时，该事务对数据库或者其他事务的执行无影响，所有的事务都好像在独立地运行。

在一个数据库事务的执行过程中，有可能会遇上事务操作失败、数据库系统或操作系统出现故障，甚至是存储介质出现故障等情况。这需要 DBMS 对一个执行失败的事务执行恢复操作，将其数据库状态恢复到一致性状态(数据一致的状态)。为了实现将数据库状态恢复到一致性状态的功能，DBMS 通常需要维护事务日志以追踪事务中所有影响数据库数据的操作。

7.6.3　事务的分类

事务分为显式事务、隐式事务和自动事务。

1. 显式事务

显式事务又称自定义事务，是指用显式的方式定义其开始和结束的事务。显式事务使用 BEGIN 开始，用 COMMIT 或 ROLLBACK 结束。

【例 7-41】 学生毕业时，要在学生数据表中修改学生数据，将学号为 2013002 的学生添加到毕业生表中，并将该学生在学生表中的信息进行删除。采用显式事务的方式实现，语句如下所示：

```
--事务开始
BEGIN
INSERT INTO STUDENT.毕业生  SELECT * FROM STUDENT.学生  WHERE 学号 = 2013002;
DELETE STUDENT.学生  WHERE  学号 = 2013002;
--若有错误
IF @@ERROR >0
BEGIN
    --事务还原
    ROLLBACK;
END;
ELSE
BEGIN
    --事务提交
    COMMIT TRANSACTION;
END;
END IF
```

该事务是进行 UPDATE 和 INSERT 操作，如果更新数据时出现错误(ERROR>0)，回滚事务(ROLLBACK)；如果没有出现错误(ERROR=0)，则提交事务(COMMIT)。

2. 隐式事务

隐式事务是指每一条数据操作语句都自动地成为一个事务，事务的开始是隐式的，事务结束时有明确的标记。

使用 SET IMPLICIT_TRANSACTIONS ON 语句启动隐式事务，使用 SET IMPLICIT_TRANSACTIONS OFF 关闭隐式事务，但不会像自动模式那样自动执行 ROLLBACK 或 COMMIT 语句，隐式事务必须显示结束(ROLLBACK 或 COMMIT)，ROLLBACK 通常表示事务违反数据库中的规则而回滚，COMMIT 通常代表事务没有出现错误而提交。

例如，运行一条 INSERT 语句，DM 将把它包装到事务中，如果此 INSERT 语句违反数据库中的数据完整性约束，DM 将回滚这个事务。每条 SQL 语句均被视为一个自身的事务，例如，现有 4 条 INSERT 语句，第 1、2、4 条是有效的，第 3 条语句是无效的，因为它违反了该表中有关主键必须唯一的约束，当程序运行时，第 1、2、4 条语句执行成功并插入表中，而第 3 条语句执行失败并回滚。

3. 自动事务

自动事务是指能够自动开启并且能够自动结束的事务。

在事务执行过程中，如果没有出现异常，事务则自动提交；当执行过程产生错误时，则事务自动回滚。这是数据库的默认模式，所有未特别声明的事务，都被视为自动提交的事务。但是只以一个操作作为事务范围，如一个 UPDATE 或 DELETE 等。当事务完成时，每个单独的 SQL 语句都将被提交或因出现错误而回滚。

7.6.4　事务隔离级别

多个事务访问数据库时，若不加控制可能会出现一些问题，常见的问题有读脏数据、不可重复读和虚读(幻读)。

1. 读脏数据

脏读数据是指一个事务读取了另外一个事务未提交的数据。

【例 7-42】 读脏数据。两个事务的操作如表 7-9 所示。在事务 1 对 A 的处理过程中事务 2 读取了 A 的值，但之后事务 1 因某故障进行回滚，导致事务 2 读取的 A 是事务 1 未提交的脏数据。表 7-9 表示读脏数据的过程。

表 7-9　读 脏 数 据

事务 1	事务 2
Read(A)=10	
A: =A*2	
Write(A)=20	
	Read(A)=20
Rollback(A=10)	

当用户 1 查询银行卡余额时，发现余额为 100 元，然后向银行卡中又存了 100 元，现在用户 2 查询银行卡余额时，发现余额为 200 元，现在用户 1 的系统发生崩溃，事务进行回滚，将 100 元退回给用户 1，并将余额修改为 100 元，但是用户 2 所查寻的余额是 200 元，发生了读脏数据。

2. 不可重复读

不可重复读是指在一个事务内读取表中的某一行数据，多次读取结果不同。

【例 7-43】 不可重复读。两个事务的操作如表 7-10 所示。事务 1 在执行的过程中，A 的值被修改了，第一次读取 A 的值为 10，第二次读取 A 的值为 20，这是由于事务 2 对 A 的修改已提交，事务 1 前后两次读取的结果不一致。表 7-10 表示事务不可重复读的过程。

表 7-10　不可重复读

事务 1	事务 2
Read(A)=10	
	Read(A)=10
	A: =A*2
	Write(A)=20
	Commit
Read(A)=20	

不可重复读和脏读的区别是：脏读是读取前一事务未提交的脏数据，不可重复读是重新读取了前一事务已提交的数据。

3. 虚读

虚读是指事务读取某个范围的数据时，因为其他事务的操作，导致前后两次读取的结果不一致。

【例 7-44】 虚读。两个事务的操作如表 7-11 所示。事务 1 是查询 A 中小于 5 的数字，在事务 1 的处理过程中，事务 2 写入 A 中数字 4，因此导致事务 1 的两次查询结果不同。事务虚读的过程如表 7-11 所示。

表 7-11　虚　　读

事务 1	事务 2
Read(A<5) = (2, 3)	
	Write(A)=4
	Commit
Read(A<5) = (2, 3, 4)	

虚读和不可重复读的区别在于：不可重复读是针对确定的某一行数据而言，而虚读是针对不确定的多行数据。因而，虚读通常出现在带有查询条件的范围查询中。

事务的隔离级别分为四种，不同的隔离级别所能解决的并发问题如下：

(1) 未提交读(READ_UNCOMMITTED)，即能够读取到没有被提交的数据，很明显这个级别的隔离机制无法解决脏读、不可重复读、幻读中的任何一种，因此，很少使用。

(2) 已提交读(READ_COMMITED)，即能够读到那些已经提交的数据，自然能够防止脏读，但是无法解决不可重复读和虚读。

(3) 可重复读(REPEATABLE_READ)，即在数据读出来之后加锁，类似“SELECT * FROM ××× FOR UPDATE”，明确数据读取出来就是为了更新用的，所以要加一把锁，防止别人修改。REPEATABLE_READ 的意思也类似，读取了一条数据，这个事务不结束，别的事务就不可以改这条记录，这样就解决了脏读、不可重复读的问题，但是虚读的问题还是无法解决。

(4) 可串行化(SERLALIZABLE)，最高的事务隔离级别，不管多少事务，逐个运行完一个事务的所有子事务之后，才可以执行另外一个事务里面的所有子事务，这样就解决了脏读、不可重复读和虚读的问题。

事务隔离其实就是为了解决上面提到的脏读、不可重复读、虚读等问题，前 3 种事务隔离级别对这 3 种问题的解决程度如表 7-12 所示。

表 7-12　3 种隔离级别的问题解决程度

隔离级别/问题	脏读	不可重复读	幻读
未提交读	可以解决	可以解决	可以解决
已提交读	不能解决	可以解决	可以解决
可重复读	不能解决	不能解决	可以解决

思 考 题

1. 请简述使用存储过程的优点。
2. 请简述 INSERT 触发器的工作原理。
3. 请简述游标的使用步骤。
4. 请简述事务的概念和特性。

第 8 章　数据完整性

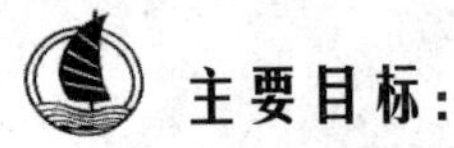

主要目标：

- 理解数据完整性的概念。
- 理解数据完整性通常对应的约束。
- 理解常见约束的定义与管理。
- 理解外键的概念。

数据库中的数据需要从外界输入，输入的数据可能是无效或错误的。因此，保证输入数据符合规定，是数据库系统，尤其是多用户的数据库系统需要特别关注的问题。为了解决这个问题，人们提出了数据完整性的概念。数据完整性(Data Integrity)是指数据的准确性(Accuracy)和可靠性(Reliability)，它是为了防止数据库中存在不符合语义规定的数据和防止因错误的信息造成无效操作或系统崩溃而提出的。

8.1　数据完整性的概念

数据库完整性(Database Integrity)是指数据库中数据在逻辑上的一致性、正确性、有效性和相容性，防止数据库中存在不符合语义、不正确的数据。目前大部分数据库管理系统都支持数据完整性控制。

当用户对数据库中的数据进行插入、修改和删除时，通常会遇到以下 3 种问题：

(1) 插入数据时，若相同主键取值的记录已经在数据库中存在，则数据库会报错。

(2) 修改数据时，如果修改的记录对应字段的值不在允许的范围内，则数据库会报错。

(3) 删除数据时，如果在学生表中删除学号为 1611 的学生，但成绩表中仍然有该学生对应的记录，则数据库会报错。

数据库系统在运行过程中，用户无论通过何种方式对数据库中的数据进行操作，都必须保证数据的正确性，即存入数据库中的数据必须是正确的，具有确定的含义。例如，在 STUDENT 模式中，必须保证学生表中的学号是唯一的，性别只能取“男”或“女”；选修表中，课程成绩(百分制)必须在 0 和 100 之间，且学号必须在学生表中存在。这些要求都属于数据库完整性的要求。

【例 8-1】 管理员向学生信息管理数据库中添加学生记录的过程中可能出现以下 6 种情况：

(1) INSERT INTO STUDENT.学生 (学号, 姓名, 性别, 出生日期, 籍贯) VALUES (2013003, '张三', '男', 1997-09-17, '西安');

如果该学生信息中的主键信息学号在表中已经存在，则在进行插入操作时数据库管理系统会报错。

(2) INSERT INTO STUDENT.学生 (学号, 姓名, 性别, 出生日期, 籍贯) VALUES (NULL, '张三', '男', 1997-09-17, '西安');

该学生信息中的主键信息学号为空(NULL)，在进行插入操作时，数据库系统会报错。

(3) INSERT INTO STUDENT.学生 (学号, 姓名, 性别, 出生日期, 籍贯) VALUES (2013003, '张三', 'ttt', 1997-09-17, '西安');

该学生信息中的性别为“ttt”，不符合语义，输入为“男”或“女”。

(4) INSERT INTO STUDENT.成绩 (学号, 课程号, 成绩) VALUES (2013003, 10001, 87);

插入的学生成绩信息为：学号为 2013003 的学生的课程号为 10001 的课程分数为 87。之后进行插入操作时，数据库管理系统要进行以下判断：

如果该学生在学生表中存在，即(SELECT * FROM STUDENT.学生 WHERE Sno = 2013003)，则结果不为空。

如果该课程在课程表中存在，即(SELECT * FROM STUDENT.课程 WHERE 课程号 = 10001)，则结果不为空。

如果以上两个查询操作的结果任何一个为空，则在进行插入操作时数据库管理系统会报错。

(5) INSERT INTO STUDENT.成绩 (学号, 课程号, 成绩) VALUES (2013003, 10002, 85);

(6) INSERT INTO STUDENT.成绩 (学号, 课程号, 成绩) VALUES (2013003, 10003, 120);

插入的学生成绩为：学号为 2013003 的学生的课程号为 10002 的课程分数为 85，学号为 2013003 的学生的课程号为 10003 的课程分数为 120，但是两门课程的分数范围不同，10002 课程的分数范围是 0～100，10003 课程的分数范围是 0～150，这是用户所定义的。如果插入课程号为 10002 的分数大于 100，则数据库管理系统会报错。

由此可见，数据库中存在的数据完整性检查方法需要由用户来定义。

【例 8-2】 创建学生信息表时，说明主键等约束，语句如下：

```
-- 创建学生表
CREATE TABLE STUDENT.学生 (
    学号 VARCHAR (10) PRIMARY KEY,
    姓名 VARCHAR (10) UNIQUE,
    性别 VARCHAR (3) CHECK('男', '女'),
    出生日期 DATETIME(10),
    籍贯 VARCHAR (32)
);
```

在创建该表时，设置“PRIMARY KEY”约束说明学号为主键，代表学号不能为空，并且不能重复；“UNIQUE”约束说明姓名唯一，不能重复；“CHECK('男', '女')”约束说明性别只能从“男”或“女”之中选择。

为了保证数据的完整性，数据库管理系统必须提供如下 3 种功能：

(1) 完整性约束条件定义机制。完整性约束条件也称为完整性规则，是指数据库中的数据必须满足语义约束条件，由数据定义语言 DDL 来实现，作为模式的一部分存入数据库中。

(2) 完整性检查方法。检查数据是否满足已定义的完整性约束条件的过程称为完整性检查。一般在 INSERT、DELETE 和 UPDATE 执行后开始检查，或事务提交时检查。

(3) 违约处理措施。若发现用户操作违背了完整性约束条件，则应采取一定的措施，如拒绝执行该操作或级联执行其他操作，进行违约处理，以保证数据的完整性。

一般情况下，可以把数据的完整性分成 3 种类型：实体完整性、参照完整性、用户定义完整性。这 3 种数据完整性的定义和区别如下所示。

(1) 实体完整性。实体完整性又称为行完整性，要求表中的某一记录有一个唯一的标识符，这个标识符为主关键字，即主键。例如，在 STUDENT 模式中，必须保证学生表中的学号是唯一的，那么在输入数据时，就不能有相同学号的记录，通过对“学号”这一属性，建立主键约束可实现学生的实体完整性。例 8-1 中(1)、(2)就是实体完整性约束，学号是主键，进行插入操作时，主键既不能重复，也不能为空(NULL)。

(2) 参照完整性。参照完整性又称为引用完整性，它保证主表与从表(被参照表)中数据的一致性。在 DM 数据库中，参照完整性的实现是通过定义外键(FOREIGN KEY)与主键(PRIMARY KEY)之间的对应关系实现的。如果在被引用表中的某一记录被某外部关键字引用，那么这个记录被删除时要进行级联删除，并且主关键字不能被修改。

数据表中的主键是指能唯一标识表中每条记录的一个或多个属性。如果一个表中的一个或若干个属性的组合是另一个表的主键，则称该属性或属性组合为该表的外键。比如，STUDENT 模式中的系表(见表 8-1)中的系号是主键，不可重复；学生表(见表 8-2)中的系号引用的是系表中的系号，学生表中的系号为外键，可以重复。

表 8-1　系表的部分数据

系号	系名	备注
6001	计算机系	
6002	管理系	
6003	航空系	
6004	机电系	

表 8-2　学生表部分数据

学号	姓名	性别	出生日期	籍贯	系号
2013001	李芳	女	1996-01-05	湖南	6001
2013002	张强	男	1994-11-08	陕西	6002
2013003	赵东方	男	1993-03-19	河南	6003
2013004	王启	男	1997-09-11	山西	6001
2013005	李平	男	1995-04-12	陕西	6001

(3) 用户定义完整性。用户定义完整性就是针对某一具体应用数据必须满足的语义要求。目前的关系数据库管理系统都提供了定义和检验这类完整性的机制，不必由应用程序来承担这一功能。在定义关系模式时，用户可以设置约束条件来完成用户自定义完整性。

8.2　约　　束

约束是施加在表的属性上的一组限制条件，它使得只有符合此限制条件要求的数据才能输入表中，以此来保证表中数据的正确性。

例如，对于学生表中的“年龄”属性，数据完整性限制条件可设置为大于 0 的数；对于高校学生的“年龄”属性，可添加自定义的约束≥17 且≤30；对于学生表中的“性别”属性，数据完整性限制条件可以设置为“男”或“女”，但是用户也可设置为自定义约束“0”和“1”，“0”代表性别“男”，“1”代表性别“女”。

数据库中的约束有 5 类，如下所示。

(1) 主键约束(PRIMARY KEY CONSTRAINT)：设置该列数据的唯一性(UNIQUE)和非空性(NOT NULL)。

(2) 唯一约束(UNIQUE CONSTRAINT)：设置该列数据的唯一性，可以为空，但只能有一个。

(3) 检查约束(CHECK CONSTRAINT)：设置该列数据的范围、格式的限制(如年龄、性别等)。

(4) 默认约束(DEFAULT CONSTRAINT)：设置该列数据的默认值。

(5) 外键约束(FOREIGN KEY CONSTRAINT)：设置该列数据与另一个表中数据的关系，并引用主表的列。

【例 8-3】 创建学生表、课程表和选修表并设置约束，语句如下：

```
-- 创建学生表
CREATE TABLE STUDENT.学生
(
    -- 学生学号，主键约束
    学号 VARCHAR (10) PRIMARY KEY,
    -- 学生姓名，不能重复
    姓名 VARCHAR (10) UNIQUE,
    -- 学生性别，检查约束
    性别 VARCHAR (3) CHECK('男', '女'),
    出生日期 DATETIME(10),
    籍贯 VARCHAR (36),
    系号 INT
);

-- 创建课程表
```

```
CREATE TABLE STUDENT.课程 (
    -- 课程号，主键约束
    课程号 VARCHAR (10) PRIMARY KEY,
    -- 课程名称，非空约束
    课程名 VARCHAR(20) NOT NULL,
    学分 INT
);

-- 创建成绩表
CREATE TABLE STUDENT.选修(
    --非空约束
    学号 INT NOT NULL,
    --非空约束
    课程号 INT NOT NULL,
    成绩 INT,
    备注 VARCHAR(200),
    --外键
    FOREIGN KEY("学号") REFERENCES STUDENT.学生("学号"),
    --外键
    FOREIGN KEY("课程号") REFERENCES STUDENT.课程("课程号")
);
```

完整性约束规则限制表中一个或者多个列的值。约束子句可以出现在 CREATE TABLE 或者 ALTER TABLE 语句中，确定约束条件并指定受到约束的列。

8.2.1 完整性约束的定义

通常在 CREATE TABLE 和 ALTER TABLE 语句定义和修改数据表的时候定义完整性约束，语句如下：

```
CREATE TABLE t_con (ID NUMBER (5) CONSTRAINT t_con_pk PRIMARY KEY);
ALTER TABLE t_con ADD CONSTRAINT t_con_pk PRIMARY KEY (ID);
```

注意：

用户使用 ALTER TABLE 语句来启用完整性约束可能会失败，这是因为表中已存在的数据可能违反完整性约束条件。

下面通过学生表实例来定义完整性约束。

【例 8-4】 建立学生表，要求学号为主键且范围在 1～99 999 之间，姓名不能取空值，年龄小于 30，性别只能是“男”或“女”，语句如下：

```
CREATE TABLE STUDENT.学生
(
    学号 INT CONSTRAINT C1 CHECK(学号 BETWEEN 1 AND 99999),
```

```
    姓名 VARCHAR(15) CONSTRAINT C2 CHECK NOT NULL,
    性别 VARCHAR(3) CONSTRAINT C3 CHECK ('男','女'),
    出生日期 NUMERIC(3) CONSTRAINT C4 CHECK (年龄 < 30),
    籍贯 VARCHAR(36),
    系号 INT CONSTRAINT C5 FOREIGN KEY("系号") REFERENCES STUDENT.系(系号),
    CLUSTER PRIMARY KEY(学号),
    UNIQUE(学号) STORAGE(ON 'MAIN', CLUSTERBTR)
);
```

在学生表上建立了 5 个约束条件，包括学号范围(1～99 999)约束 C1、姓名非空约束 C2、性别“男”“女”约束 C3、年龄小于 30 约束 C4、系号外键 C5 约束。

8.2.2 完整性约束状态

完整性约束状态分为两类：一类是启用状态，另一类是禁止状态。用户可以指定一个约束是启用(ENABLE)或禁止(DISABLE)。一个约束被启用(ENABLE)时，那么在插入数据或者更新数据时会对数据进行检查，不符合约束的数据被阻止进入数据库；一个约束被禁止(DISABLE)时，不符合约束的数据还是会被允许进入数据库。

1. 禁止约束

用户要执行完整性约束定义的规则，约束就应当设置为开启状态。但是，在下面 3 种情况下，从性能的角度考虑，可以暂时将完整性约束禁用。

(1) 当用户要导入大量的数据到一张表中时。

(2) 当用户要做批处理操作并对一张表做大规模修改时。

(3) 当用户要导入/导出一张表时。

用户在禁用约束的情况下，可以将违反约束规则的数据插入表中，因此，用户应当在上面列表中的操作结束之后启用约束。

用户禁止约束可能处于如下 2 种状态：

(1) DISABLE NOVALIDATE(禁止而无效)：关闭约束，删除索引，不能对表进行插入、更新和删除等操作。

(2) DISABLE VALIDATE(禁止而有效)：关闭约束，删除索引，但是可以对约束列的数据进行修改。

如果用户在禁止(DISABLE)约束时没有添加 VALIDATE 选项，则默认为 DISABLE NOVALIDATE。

2. 启用约束

用户在启用完整性约束的情况下，不满足约束规则的行是不能插入表中的。

用户启用约束可能处于如下 2 种状态：

(1) ENABLE NOVALIDATE(启用而无效)：新的违反约束的数据不能输入表中。但是表中可能包含违反约束的数据。在将有效的联机事务处理系统数据装入数据仓库时，这种状态很有用。

(2) ENABLE VALIDATE(启用而有效)：任何违反约束的数据行都不能插入表中。不过可能有一些违反约束的数据行在约束被禁止期间已经插入了表中，这样的数据行被称为例外，这种数据必须被修改或者被删除。

如果用户在启用(ENABLE)约束时没有添加 NOVALIDATE 选项，则默认为 ENABLE VALIDATE。

8.2.3　修改和删除约束

用户可以使用 ALTER TABLE 语句来启用、禁止、删除一个约束。当用户使用 UNIQUE 或者 PRIMARY KEY 约束时，系统会创建对应的索引；当这个约束被用户删除或者是被用户禁用时，索引也会被删除。

1. 禁用已被启用的约束

ALTER TABLE 语句可以禁用已被启用的约束，语法如下：

```
ALTER TABLE t_con DISABLE CONSTRAINT t_con_pk;
```

当有外键带有 UNIQUE 或者 PRIMARY KEY 约束的列时，用户不能禁用该 UNIQUE 或者 PRIMARY KEY 约束。

2. 删除约束

通过 ALTER TABLE 语句和 DROP CONSTRAINT 参数可删除完整性约束，语法如下：

```
ALTER TABLE t_con DROP CONSTRAINT t_con_pk;
```

如果外键引用带有 UNIQUE 或者 PRIMARY KEY 约束的列，则在删除约束时必须加上 CASCADE 参数，否则不能删除。

可以先删除原来的约束条件，再增加新的约束条件，下面通过实例来展示。

【例 8-5】 修改学生表中的约束条件，要求年龄由小于 30 改为小于 40，语句如下：

```
ALTER TABLE "STUDENT"."学生"
    DROP CONSTRAINT C4;
ALTER TABLE "STUDENT"."学生"
    ADD CONSTRAINT C4 CHECK ("年龄"<40);
```

【例 8-6】 创建默认约束，设置班级表中每个班级默认人数为 30，语句如下：

```
CREATE TABLE STUDENT.班级
(
    班号 VARCHAR2(50),
    班名 VARCHAR2(50),
    专业号 VARCHAR2(50),
    人数 INT DEFAULT 30
);
```

例 8-6 使用 CREATE TABLE 语句创建默认值。另一种方法是使用 ALTER TABLE 语句设置班级人数的默认值为 30，语句如下：

```
ALTER TABLE STUDENT.班级 MODIFY 人数 INT DEFAULT 30;
```

8.2.4　查看约束信息

用户可以在系统表 SYSOBJECTS 和 SYSCONS 中查询约束的信息，如例 8-7 和例 8-8 所示。

【例 8-7】 在 SYSOBJECTS 系统表中查找名为 t_con_pk 的约束信息，语句如下：

```
SELECT * FROM SYSOBJECTS WHERE NAME='T_CON_PK';
```

【例 8-8】 查找所有约束的信息，语句如下：

```
SELECT * FROM SYSOBJECTS WHERE TYPE$='CONS';
```

8.3　外　　键

如果指定某列(或某组列)的值必须在另一个表的某列(或某组列)中存在，那么此列(或此组列)就是外键。外键是维持关联表的参照完整性的措施。例如，删除学生表中某学生的数据，但是该学生的成绩在成绩表中仍然存在。实际上如果不存在该学生，就不会有该学生的成绩。为了保证数据库符合实际情况，需要使用外键约束。

1. 添加或删除已存在的外键

在图形化界面，在外键选项卡中，只需简单地点击外键栏中的按钮即可添加、编辑、删除外键。

(1) 添加外键：使用编辑框来输入外键的名字，使用参考模式、参考表和参考限制下拉列表分别选择一个外部索引数据库、表及限制。

(2) 编辑外键：只需简单地双击栏位或点击栏位按钮，打开编辑器进行编辑。

(3) 删除外键：删除已选择的外键。

2. 删除外键时的操作

删除外键时的操作有以下 3 种：

(1) NO ACTION：默认的动作，删除外键时参考键值将不会更新或删除。

(2) CASCADE：删除外键时分别删除任何参考已删除行或更新参考列值为被参考列的新值。

(3) SET NULL：删除外键时设置参考列为 NULL。

3. 使用 SQL 语句操作外键

可以通过勾选框来选择启用或禁用外键限制，或者可以使用 SQL 语句来创建或删除外键限制。

1) 使用 SQL 语句创建外键限制

默认的外键创建方式是在两个表创建完成之后使用 SQL 语句创建，语句如下：

```
-- 创建 T_INVOICE 表和 T_INVOICE_DETAIL 表
CREATE TABLE T_INVOICE
(
    ID NUMBER (10) NOT NULL,
```

```
        INVOICE_NO VARCHAR2(30) NOT NULL,
        CONSTRAINT PK_INVOICE_ID PRIMARY KEY(ID)
    );

    CREATE TABLE T_INVOICE_DETAIL
    (
        ID NUMBER (10) NOT NULL,
        AMOUNT NUMBER (10,3),
        PIECE NUMBER (10),
        INVOICE_ID NUMBER (10),
        CONSTRAINT PK_DETAIL_ID PRIMARY KEY(ID)
    );

    ALTER TABLE T_INVOICE_DETAIL
    ADD CONSTRAINT FK_INVOICE_ID FOREIGN KEY (INVOICE_ID) REFERENCES
T_INVOICE(ID);
```

2) 设置级联删除

用户在删除被参照的数据时，如果存在参照数据，将无法进行删除。为解决这个问题，用户需要对外键设置级联删除。

外键有个选项可以指定级联删除特征，这个特征仅作用于主表的删除语句。使用这个选项，主表的一个删除操作将会自动删除所有相关的从表记录，修改语句如下：

```
    ALTER TABLE T_INVOICE_DETAIL
    ADD CONSTRAINT FK_INVOICE_ID FOREIGN KEY (INVOICE_ID) REFERENCES
T_INVOICE(ID) ON DELETE CASCADE;
```

如果不能级联删除，可设置从表外键字段值为 NULL，使用 ON DELETE SET NULL 语句(外键字段不能设置 NOT NULL 约束)。这个特征仅作用于主表的删除语句。使用这个选项，主表的一个删除操作将会自动将所有相关的从表记录设置为 NULL，修改语句如下：

```
    ALTER TABLE T_INVOICE_DETAIL
    ADD CONSTRAINT FK_INVOICE_ID FOREIGN KEY (INVOICE_ID) REFERENCES T_INVOICE
(ID) ON DELETE SET NULL;
```

思 考 题

1. 请简述达梦数据库支持的几类数据完整性约束各自的特点和作用。
2. 请简述关系数据库管理系统在实现参照完整性时需要考虑的因素。
3. 请简述关系数据库管理系统的完整性控制机制应具有的三个方面的功能。

第 9 章　数据安全管理

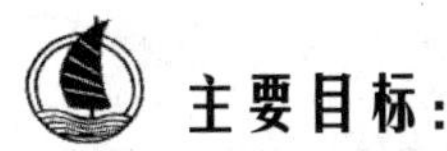

主要目标：

- 理解数据访问控制的必要性。
- 理解用户管理机制。
- 掌握用户权限、角色管理的基本操作。
- 了解数据库审计机制与基本操作。

数据安全管理是指保护数据库以防止不合法的使用所造成的数据泄露、更改或破坏。安全问题不是数据库系统所独有的，计算机系统中都有这个问题，只是在数据库系统中存放大量的数据集，而且为许多用户直接共享，是宝贵的信息资源，从而使安全性问题更为突出。在现实生活中，任何一个系统如果将所有的权力都赋予某一个人，而不加以监督和控制，势必会产生权力滥用的风险。从数据库安全角度出发，一个大型的数据库系统有必要将数据库系统的权限按照职责分配给不同的角色来管理。

9.1　数据访问控制

在一般数据库系统中，安全措施是逐级设置的。当用户要求进入数据库系统时，数据库系统首先根据输入的用户标识进行用户身份鉴定，只有合法的用户才被准许进入数据库系统；对已进入系统的用户，数据库管理系统还需要进行存取控制，只允许用户执行合法操作。例如，在学生信息管理系统中，用户分为两个级别：一个是管理员，另一个是学生。在用户信息表中，有一个属性为用户级别，管理员的用户级别为 1，学生的用户级别为 2。管理员和学生在系统中的权限是不同的。比如，管理员可以对系统中的数据表进行插入、修改、删除和查询等操作，但是学生在系统中只能进行查询和修改密码操作，这种机制可以对用户数据访问进行控制。

9.1.1　用户管理

用户身份鉴别能力是数据库管理系统提供的最外层安全保护措施。每个用户在系统中都有一个用户标识，每个用户标识由用户名和用户标识号两部分组成。用户标识号在系统的整个生命周期内是唯一的。系统内部记录着所有合法用户的标识。用户身份鉴别方法是指由系统提供一定的方式让用户标识自己的名字或身份，每次用户要求进入系统时，由系统进行核对，通过鉴别后才提供使用数据库管理系统的权限。

为了保证数据库系统的安全，达梦数据库采用“三权分立”或“四权分立”的安全机制。采用“三权分立”时，系统内置 3 种系统管理员，包括数据库管理员 SYSDBA、数据库安全员 SYSSSO 和数据库审计员 SYSAUDITOR；采用“四权分立”时新增了一类用户，称为数据库对象操作员 SYSDBO。它们各司其职，互相制约，有效地避免了将所有权限集中于一人的风险。

达梦数据库具备严格的用户管理机制，新创建的用户只有通过数据库管理员授权才能获得系统数据库的使用权限，否则该用户只有连接数据库的权限。正是有了这一套严格的安全管理机制，才保证了数据库系统的正常运转，确保数据不被泄露。

在达梦数据库的日常使用过程中，查询系统预建用户的语句如下：

SELECT username, account_status, CREATED FORM dba_users ORDER BY CREATED;

运行命令后的结果显示系统预建了用户，如图 9-1 所示。

SYSSSO	OPEN	2020-02-22 22:38:09.5..
SYSDBA	OPEN	2020-02-22 22:38:09.5..
SYS	OPEN	2020-02-22 22:38:09.5..
SYSAUDITOR	OPEN	2020-02-22 22:38:09.5..
DMHR	OPEN	2020-02-22 22:38:28.1..

图 9-1　系统预建的用户结果集

系统预先设置了 4 个用户，分别为 SYSSSO、SYSDBA、SYS、SYSAUDITOR。其中，SYSDBA 具备 DBA 角色，SYSAUDITOR 具备 DB_AUDIT_ADMIN 角色，而 SYSSSO 具备 DB_POLICY_ADMIN 系统角色。DMHR 是系统示例用户，在 DM 数据库安装时可以选择。

说明：

SYS 为达梦数据内置管理用户，不能登录数据库。

在达梦数据库的日常使用过程中，对数据库用户的新建、删除、修改和授权操作必不可少。下面介绍达梦数据库用户的新建、修改以及删除。

1. 新建用户

例如，要新建名为 CHEMIN 的用户，【新建用户】界面如图 9-2 所示。

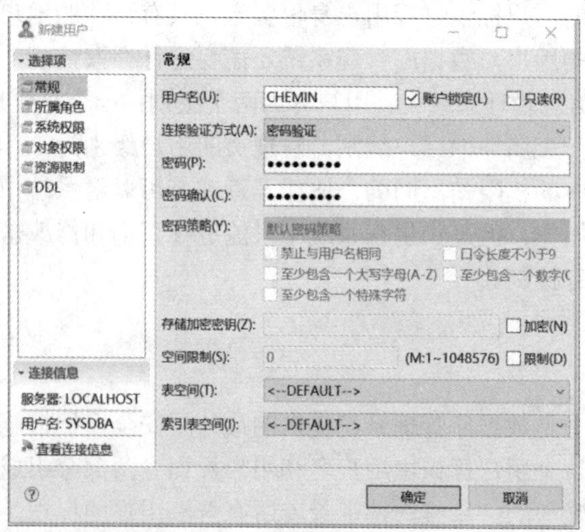

图 9-2　新建用户界面

2. 修改用户

执行者具有 ALTER USER 权限时，可以使用 ALTER USER 语句修改用户信息。【修改用户】界面如图 9-3 所示。

修改用户 - "CHEMIN"
选择项
常规
所属角色
系统权限
对象权限
资源限制
DDL
连接信息
服务器: LOCALHOST
用户名: SYSDBA
查看连接信息
常规
用户名(U): CHEMIN　账户锁定(L)　只读(R)
连接验证方式(A): 密码验证
密码(P): ••••••••••••••••••••••••••••••••••••
密码确认(C): ••••••••••••••••••••••••••••••••••••
密码策略(Y): 默认密码策略
禁止与用户名相同　口令长度不小于9
至少包含一个大写字母(A-Z)　至少包含一个数字(
至少包含一个特殊字符
存储加密密钥(Z): ••••••••••••••••••••••••••••••　加密(N)
空间限制(S): 0　(M:1~1048576)　限制(D)
表空间(T): MAIN
索引表空间(I): SYSTEM
确定　取消

图 9-3　修改用户界面

【例 9-1】 修改用户 CHEMIN，使该用户的密码失效，该用户登录数据库前必须修改密码，语句如下：

```
ALTER USER CHEMIN PASSWORD EXPIRE;
```

3. 删除用户

用户具有 DROP USER 权限时，可以使用 DROP USER 语句删除用户，语句如下：

```
DROP USER<用户名>[CASCADE];
```

删除用户中的 CASCADE 选项，表示级联删除，即删除用户时将删除该用户模式中的所有对象。【删除对象】界面如图 9-4 所示。

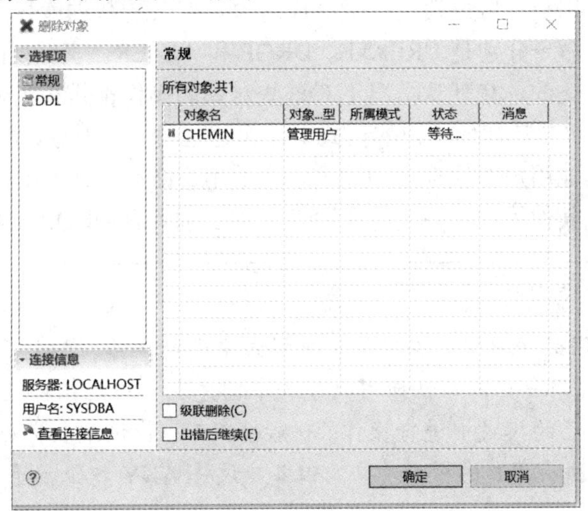

图 9-4　删除对象界面

9.1.2　权限管理

数据库管理员为了使新建的用户可以进行基本的数据库操作，如登录数据库、查询表和创建表等，就需要赋予用户相应操作的权限。如果希望用户不能进行某些操作，就需要收回该用户相应的权限。

1. 权限分类

权限是预先定义好的、执行某种 SQL 语句或访问其他用户模式对象的能力。按照权限所针对的对象，这些权限可以分为系统权限与对象权限两类。

1) 系统权限

数据库管理员可以将系统权限授予其他用户(一般需要授予数据库管理人员、应用程序开发人员)，也可以从被授予用户中收回权限。在系统权限中数据库维护权限最为重要，因此这里重点介绍数据库权限。

数据库权限的管理主要包括权限的分配、收回和查询等操作。DM 提供了 100 余种数据库权限，与用户有关的几种常用数据库权限如表 9-1 所示。

表 9-1　常用数据库权限

数据库权限	功　能
CREATE TABLE	在自己的模式中创建表的权限
CREATE VIEW	在自己的模式中创建视图的权限
CREATE USER	创建用户的权限
CREATE TRIGGER	在自己的模式中创建触发器的权限
ALTER USER	修改用户的权限
ALTER DATABASE	修改数据库的权限
CREATE PROCEDURE	在自己的模式中创建存储过程的权限

对于表、视图、用户、触发器这些数据库对象，有关的数据库权限包括创建、删除和修改的权限，相关的命令分别是 CREATE、DROP 和 ALTER。表、视图、触发器、存储程序等对象是与用户有关的，在默认情况下对这些对象的操作都是在当前用户自己的模式下进行的。如果当前用户要在其他用户的模式下操作这些类型的对象，需要具有相应的 ANY 权限。例如，要在其他用户的模式下创建表，当前用户必须具有 CREATE ANY TABLE 权限；如果系统能够在其他用户的模式下删除表，则必须具有 DROP ANY TABLE 权限。

补充知识：

具有 ANY 权限的用户可以在任何用户模式中进行操作。例如，具有 CREATE ANY TABLE 系统权限的用户可以在任何用户模式中创建表。与此相对应，不具有 ANY 权限的用户只能在自己的模式中进行操作。一般情况下，应该给数据库管理员授予 ANY 权限，以便其管理所有用户的模式对象。但不应该将 ANY 权限授予普通用户，以防止影响其他用户的工作。

2) 对象权限

对象权限主要是对数据库对象中数据的访问权限，这类权限主要针对的是普通用户。主要数据库对象的对象权限如表 9-2 所示(“ √ ”表示具有权限；“—”表示没有相应权限)。

表 9-2　常用对象权限

对象权限	数据库对象类型								
	表	视图	存储程序	包	类	类型	序列	目录	域
SELECT	√	√	—	—	—	—	—	—	—
INSERT	√	√	—	—	—	—	—	—	—
DELETE	√	√	—	—	—	—	—	—	—
UPDATE	√	√	—	—	—	—	—	—	—
REFERENCES	√	—	—	—	—	—	—	—	—
DUMP	√	—	—	—	—	—	—	—	—
EXECUTE	—	—	√	√	√	√	—	√	—
READ	—	—	—	—	—	—	—	√	—
WRITE	—	—	—	—	—	—	—	√	—
USAGE	—	—	—	—	—	—	—	—	√

SELECT、INSERT、DELETE 和 UPDATE 权限分别是针对数据库对象中数据的查询、插入、删除和修改权限。对于表和视图来说，DELETE 操作是整行进行的，而 SELECT、INSERT 和 UPDATE 操作可以在一行的某个列上进行，所以在指定权限时，DELETE 权限只要指定所需访问的表就可以了，而 SELECT、INSERT 和 UPDATE 权限需要进一步指定是对哪个列的权限。

REFERENCES 权限是指可以与一个表建立关联关系的权限，如果具有了这个权限，当前用户就可以通过一个表中的外键，与其他的表建立关联。关联关系是通过主键和外键进行的，所以在授予这个权限时，可以指定表中的列，也可以不指定。

EXECUTE 权限是指可以执行存储函数、存储过程的权限。有此权限，一个用户就可以执行另一个用户的存储程序。

当一个用户获得另一个用户的某个对象的访问权限后，可以用“模式名.对象名”的形式访问这个数据库对象。一个用户所拥有的对象和可以访问的对象是不同的，这一点在数据字典视图中有所反映。在默认情况下用户可以直接访问自己模式中的数据库对象，要访问其他用户所拥有的对象，就必须具有相应的对象权限。

2. 授予权限

(1) 数据库权限的授予使用 GRANT 语句，语法如下：

```
GRANT <权限>{,<权限>}
TO <用户 1>{,<用户 2>}
[WITH ADMIN OPTION];
```

数据库权限通常是针对表、视图、用户、触发器等类型的对象具有 CREATE、ALTER、

DROP 等操作能力。如果使用 ANY 修饰词，表示对所有用户模式下的这些类型对象具有相应操作权限。如果使用 WITH ADMIN OPTION 选项，表示用户 1(用户 2…)获得权限后，还可以把这个权限再次授予其他用户。

【例 9-2】 将创建表的权限授予一个用户。以 SYSDBA 用户为例，将 CREATE TABLE 权限授予用户 USER1，USER1 用户创建表 U1T1，并检验权限授予是否成功，分两步实现。

① 给 USER1 授予创建表权限，语句如下：

```
CONN SYSDBA/SYSDBA;
GRANT CREATE TABLE TO USER1;
```

② USER1 创建 U1T1 表，语句如下：

```
CONN USER1/PWORDUSER1;
CREATE TABLE U1T1
(
    id INT
    text VARCHAR (30)
);
```

执行这些语句后，USER1 成功创建表 U1T1。

(2) 授予对象权限的语法：

```
GRANT <权限>{,<权限>}
ON<对象>
TO <用户 1>{,<用户 2>}
[WITH GRANT OPTION]
```

对象权限通常是 SELECT、INSERT、UPDATE、DELETE、EXECUTE、REFERENCES 等。对象通常是表、存储过程等。WITH GRANT OPTION 表示用户 1(用户 2…)获得权限后，可以把这个权限再次授予其他用户。既可以将整个表的某项权限授予其他用户，也可以只将表的某个字段的权限授予其他用户。

授予对象权限和授予数据库权限的不同之处在于在授予对象权限时，不仅要说明是什么权限，还要指定是对哪个对象(例如表、视图等)的访问权限。

【例 9-3】 将一个用户表的 SELECT 权限授予另一个用户，并可再次授权。用户 SYSDBA，将 STUDENT 模式下学生表的 SELECT 权限授予用户 USER1，并检验权限授予是否成功，分三步实现。

① 授权前用户 USER1 尝试查询学生表，语句如下：

```
CONN USER1/PWORDUSER1;
SELECT * FROM STUDENT.学生  WHERE 学号=13001;
```

查询失败，没有 SELECT 权限。

② 给用户 USER1 授予学生表查询权限，语句如下：

```
CONN SYSDBA/SYSDBA;
GRANT SELECT ON STUDENT.学生  TO user1 WITH GRANT OPTION;
```

③ 授权后用户 USER1 尝试查询学生表，语句如下：

```
CONN USER1/PWORDUSER1;
```

```
SELECT * FROM STUDENT.学生 WHERE 学号=13001;
```

查询成功。

3. 收回权限

收回数据库权限，即使用 REVOKE 语句将已经授予的权限收回，语句如下：

```
REVOKE <数据库权限 1>{<,数据库权限 2>}
FROM <用户 1>{<,用户 2>};
```

这条命令一般由 SYSDBA 执行。如果一个用户在接受某个数据库权限时是以“WITH ADMIN OPTION”方式接受的，且随后将这个数据库权限授予了其他用户，那该用户可以将数据库权限从其他用户收回。

【例 9-4】 从用户收回用 WITH ADMIN OPTION 方式授予的权限。用户 SYSDBA 从用户 USER1 收回 CREATE TABLE 权限，并检验权限收回是否成功，分三步实现。

(1) 从 USER1 收回 CREATE TABLE 权限，语句如下：

```
CONN SYSDBA/SYSDBA;
REVOKE CREATE TABLE FROM USER1;
```

(2) USER1 尝试创建 U1T2 表，语句如下：

```
CONN USER1/PWORDUSER1;
CREATE TABLE U1T2
(
    id INT,
    text VARCHAR (30)
);
```

USER1 创建 U1T2 表失败，因为没有创建表权限。

(3) USER2 尝试创建 U2T2 表，语句如下：

```
CONN USER2/PWORDUSER2;
CREATE TABLE U2T2
(
    id INT,
    text VARCHAR (30)
);
```

此示例说明，数据库权限可以转授，但是收回时不能间接收回。也就是说，SYSDBA 将某权限授予 USER1，USER1 又将该权限授予 USER2，当 SYSDBA 从用户 USER1 中收回该权限时，USER2 仍然拥有这个权限。

4. 对象权限收回

收回对象权限也使用 REVOKE 语句，语法如下：

```
REVOKE <对象权限 1>{<,对象权限 2>}ON<对象>
FROM <用户 1>{<,用户 2>}
[RESTRICT| CASCADE];
```

收回对象权限的操作由一般权限的授予者完成。如果某个对象权限是以“WITH

GRANT OPTION”方式授予用户甲，用户甲可将这个权限再授予用户乙。从用户甲收回对象权限时，需要指定为 CASCADE，进行级联收回，如果不指定，默认为 RESTRICT，则收回权限失败。

【例 9-5】 从一个用户收回以“WITH GRANT OPTION”方式授予的权限。从 USER1 收回对 STUDENT 模式学生表的查询权限，并检验权限收回是否成功，分两步实现。

(1) 采用默认 RESTRICT 模式从 USER1 收回权限查询学生表权限，语句如下：

```
REVOKE SELECT ON STUDENT.学生  FROM USER1;
```

结果如下所示：

```
第 1 行附近出现错误[-5582]:收回权限无效。
```

此例说明采用“WITH GRANT OPTION”模式授予权限，不能以默认的 RESTRICT 模式收回权限。

(2) 采用 CASCADE 模式收回权限，语句如下：

```
REVOKE SELECT ON STUDENT.学生  FROM USER1 CASCADE;
```

USER2 用户尝试查询表 STUDENT.学生的数据，语句如下：

```
CONN USER2/PWORDUSER2;
SELECT * FROM STUDENT.学生  WHERE  姓名='李强';
```

查询结果如下：

```
[-5504]:没有[学生]对象的查询权限。
```

此例说明采用级联(CASCADE)模式从 USER1 收回查询 CITY 表权限后，USER2 也没有查询表 CITY 表的权限。

9.1.3 角色管理

角色是一组权限的组合，使用角色的目的是使权限管理更加方便。比如 STUDENT 模式中“学生用户”角色，假设有 10 个学生用户，这些用户为了访问数据库，至少需要拥有修改学生表的基本信息功能(例如，STUDENT 模式中学生表在数据录入后，假如甲用户的基本信息录入有误，甲学生用户可以拥有修改自己基本信息的权限)和查询 STUDENT 模式中选修表中的成绩属性权限。如果将这些权限分别授予这些用户，那么需要进行多次授权。但是，如果事先把这些权限放在一起，作为一个整体授予这些用户，那么每个用户只需一次授权，将明显减少授权的次数，而且用户数越多，需要指定的权限越多，这种授权方式的优越性就越明显。这些事先组合在一起的一组权限就是角色，角色中的权限可以是数据库权限，也可以是对象权限，或者是两者的组合。

为了使用角色，首先在数据库中创建一个角色，此时角色中没有任何权限。然后向角色中添加权限。最后将这个角色授予用户，这个用户就具有了角色中的所有权限。在使用角色的过程中，可以随时向角色中添加权限，也可以随时从角色中删除权限，用户的权限也随之改变。如果要收回用户的所有权限，只需将角色从用户中收回即可。

在数据库中有两类角色，一类是 DM 预设的角色，另一类是用户自定义的角色。DM 预设的角色在数据库被创建之后即存在，并且包含了一些权限，数据库管理员可以将这些角色直接授予用户。数据库常见预设角色如表 9-3 所示。

表 9-3 数据库常见预设角色

角色名称	所包含的权限
DBA	ALTER DATABASE
	BACKUP DATABASE
	CREATE USER
	CREATE ROLE
	SELECT ANY TABLE
	CREATE ANY TABLE
RESOURCE	CREATE ROLE
	CREATE SCHEMA
	CREATE TABLE
	CREATE VIEW
	CREATE SEQUNENCE
PUBLIC	SELECT TABLE
	UPDATE TABLE
	SELECT USER
DB_AUDIT_ADMIN	CREATE USER
	AUDIT DATABASE
DB_AUDIT_OPER	AUDIT DATABASE
DB_POLICY_ADMIN	CREATE USER
	LABLE DATABASE
DB_POLICY_OPEN	LABLE DATABASE

1. 创建角色

除了 DM 预设定的角色以外，用户还可以自己定义角色。一般创建角色的操作由 SYSDBA 来完成，如果普通用户要定义角色，必须具有 CREATE ROLE 的数据库权限。

创建角色语法如下：

```
CREATE ROLE 角色名;
```

【例 9-6】 创建名为学生用户的角色，语句如下：

```
CONN SYSDBA/SYSDBA;
CREATE ROLE 学生用户;
```

2. 管理角色

角色刚创建时，没有任何权限。用户可以将权限授予该角色，使这个角色成为一个权限的集合。

1) 授予权限

向角色授权的方法与用户授权的方法相同，只需将用户名改为角色名。若向角色授予数据库权限，则可以使用 WITH ADMIN OPTION 选项，但是 WITH ADMIN OPTION 不能向角色授予对象权限。

【例 9-7】给学生用户角色授予数据库权限。给学生用户角色授予修改用户表的权限，语句如下：

```
GRANT ALTER USER TO 学生用户;
```

【例 9-8】 给学生用户角色授予对象权限。给学生用户角色授予查询和更新“STUDENT.学生表”的权限，语句如下：

```
GRANT SELECT,UPDATE ON STUDENT.学生 TO 学生用户;
```

2) 收回权限

如果要从学生用户角色中删除权限，可以执行 REVOKE 命令。权限收回的方法与从用户收回权限的方法相同，用角色名代替用户名。

【例 9-9】 从角色收回权限。从角色学生用户收回更新 STUDENT.学生表的权限，语句如下：

```
REVOKE UPDATE ON STUDENT.学生 FROM 学生用户;
```

3. 分配与收回角色

1) 分配角色

只有将角色授予用户，用户才会具有角色中的权限。可以一次将角色授予多个用户，这些用户就都具有了这个角色中包含的权限。将角色授予用户的命令是 GRANT，授予角色的方法与授予权限的方法相同，只是将权限名用角色名代替就可以了。一般情况下，将角色授予用户的操作由 DBA 用户完成，普通用户如果要完成同样的操作，必须具有 ADMIN ANY ROLE 的数据库权限，或者具有相应的角色及其转授的权限。

【例 9-10】 给用户分配角色。将学生用户角色分配给 USER1 和 USER2 用户，并检验权限是否被成功授予，分三步进行。

(1) USER2 查询 STUDENT.学生表数据，语句如下：

```
CONN USER2/PWORDUSER2;
SELECT * FROM STUDENT.学生;
```

查询结果如下：

```
[-5504]:没有[学生]对象的查询权限.
```

(2) 给用户 USER1 和 USER2 分配学生用户角色，语句如下：

```
CONN SYSDBA/SYSDBA;
GRANT 学生用户 TO USER1,USER2;
```

(3) USER2 再次查询 STUDENT.学生表数据，语句如下：

```
CONN USER2/PWORDUSER2;
SELECT * FROM STUDENT.学生 WHERE 姓名='李强';
```

没有报错。

2) 收回角色

要将角色从用户收回，需要执行 REVOKE 命令。角色被收回后，用户所具有的属于这个角色的权限都将被收回。从用户收回角色与收回权限的方法相同，这个操作一般由 DBA

用户完成。

【例 9-11】 从用户 USER2 中收回学生用户角色，并检验权限是否被成功收回，分两步进行。

(1) 从用户 USER2 中收回学生用户角色，语句如下：

```
CONN SYSDBA/SYSDBA;
REVOKE 学生用户 FROM USER2;
```

(2) USER2 再次查询 STUDENT.学生表数据，语句如下：

```
CONN USER2/PWORDUSER2;
SELECT * FROM STUDENT.学生 WHERE 姓名='李强';
```

查询结果如下：

```
[-5504]:没有[学生]对象的查询权限.
```

例 9-11 说明从用户收回角色与直接从用户收回权限具有相同的效果。

4. 启用和停用角色

1) 停用角色

当管理员不愿意删除一个角色，但是却希望这个角色中拥有的权限失效，此时，可以使用 SP_SET_ROLE 来设置这个角色为不可用状态，语法如下：

```
SP_SET_ROLE('角色名',0);
```

只有拥有 ADMIN_ANY_ROLE 权限的用户才能停用角色，并且设置后立即生效；系统预设的角色不能设置停用，如 DBA、PUBLIC、RESOURCE。

【例 9-12】 停用学生用户角色，并检验是否成功停用角色，分三步进行。

(1) 用户 USER1 查询 STUDENT.学生表数据，语句如下：

```
CONN USER1/PWORDUSER1;
SELECT * FROM STUDENT.学生 WHERE 姓名='李强';
```

没有报错。

(2) 停用角色，语句如下：

```
CONN SYSDBA/SYSDBA;
SP_SET_ROLE('学生用户',0);
```

注意：

角色名若为英文，需要区分大小写。

(3) 用户 USER1 查询 STUDENT.学生表数据，语句如下：

```
CONN USER1/PWORDUSER1;
SELECT * FROM STUDENT.学生 WHERE 姓名='李强';
```

查询结果如下：

```
[-5508]:没有[学生]对象的[姓名]列的查询权限。
```

此例说明当停用角色后，用户就没有该角色中的权限，无法进行相关操作。

2) 启用角色

根据需要，用户随时可以启用被停用的角色，语句如下：

```
SP_SET_ROLE('角色名',1);
```

只有拥有 ADMIN_ANY_ROLE 权限的用户才能启用角色，并且设置后立即生效。

【例 9-13】 启用学生用户角色，并检验是否成功启用角色，分两步进行。

(1) 启用学生用户角色，语句如下：

```
CONN SYSDBA/SYSDBA;
SP_SET_ROLE('学生用户',1);
```

(2) 用户 USER1 查询 STUDENT.学生表数据，语句如下：

```
CONN USER1/PWORDUSER1;
SELECT * FROM STUDENT.学生 WHERE 姓名='李强';
```

此例说明当启用角色后，用户立即获得该角色中的权限。

5. 删除角色

有时需要删除角色而不是停用角色，角色被删除时，角色中的权限都间接地被用户收回，效果与停用角色相同，删除角色语法如下：

```
DROP ROLE  角色名;
```

【例 9-14】 删除学生用户角色，并检验是否成功删除角色，分两步进行。

(1) 删除角色，语句如下：

```
DROP ROLE  学生用户;
```

(2) 用户 USER1 查询 STUDENT.学生表数据，观察查询结果，语句如下：

```
CONN USER1/PWORDUSER1;
SELECT * FROM STUDENT.学生  WHERE 姓名='李强';
```

查询结果如下：

```
[-5508]: 没有[学生]对象的[姓名]列的查询权限。
```

例 9-14 说明删除角色后，用户就不具备该角色的权限了。

9.2 数据库审计

审计机制是 DM 安全管理的重要组成部分之一。DM 除了提供数据安全保护措施之外，还提供对日常事件的事后审计监督。DM 具有一个灵活的审计子系统，可以通过它来记录系统级事件、个别用户的行为以及对数据库对象的访问。通过考察、跟踪审计信息，数据库审计员可以查看用户访问数据库的形式以及曾试图对该系统进行的操作，从而采取积极有效的应对措施。

DM 设立了 AUDITOR(审计员)角色，只有具有 AUDITOR 角色权限的用户才能进行审计，可以通过对用户授予 AUDITOR 角色来给予某个用户审计的权限。只有数据库审计管理员才能创建新的审计员。

一个数据库审计员能够收回另一个数据库审计员的审计权限，但由系统最初创建的数据库审计员 SYSAUDITOR 的权限是不能被收回的。

1. 启用审计功能

1) 审计开关

在 DM 系统中，专门为审计设置了开关，要使用审计功能首先要打开审计开关。审计开关可以通过调用存储过程 VOID SPSET ENABLE AUDIT(PARAM INT)；来控制，存储过程执行完毕会立即生效。PARAM 有三种取值：0 代表关闭审计，1 代表打开普通审计，2 代表打开普通审计和实时审计。PARAM 的默认值为 0。

【例 9-15】 打开普通审计开关，语句如下：

```
SP_SET_ENABLE_AUDIT (1);
```

注意：

审计开关必须由具有数据库审计员权限的管理员进行设置。

数据库审计员可通过查询 V$DM_INI 动态视图查询 ENABLE_AUDIT 的当前值，语句如下所示。

```
SELECT * FROM V$DM_INI WHERE PARA_NAME='ENABLE_AUDIT';
```

图 9-5 表示当前的审计开关参数为 0，即当前的审计功能未打开。

```
SELECT * FROM  V$DM_INI  WHERE PARA_NAME='ENABLE_AUDIT';
```

消息 结果集

PARA_... VARCHAR(	PARA_... VARCHAR(	MIN_V... VARCHAR(	MAX_V... VARCHAR(	MPP_CHK CHAR(1)	SESS_... VARCHAR(	FILE_... VARCHAR(	DESCR... VARCHAR(	PARA_... VARCHAR(
ENABL...	0	0	2	N	0	0	Flag ...	READ ...

图 9-5　查看审计开关参数

2) 审计的设置与取消

数据库审计员指定被审计对象的活动称为审计设置，只有具有 AUDIT DATABASE 权限的审计员才能进行审计设置。DM 提供审计设置系统函数来实现这种设置，被审计的对象可以是某类操作，也可以是某些用户在数据库中的全部行踪。只有预先设置的操作和用户才能被 DM 系统自动进行审计。

DM 允许在三个级别上进行审计设置，如表 9-4 所示。

表 9-4　审 计 级 别

审计级别	说　明
系统级	系统的启动与关闭，此级别的审计无法也无需由用户进行设置，只要审计开关打开就会自动生成对应审计记录
语句级	影响特定类型数据库对象的特殊 SQL 或语句组的审计。如 AUDIT TABLE 将审计 CREATE TABLE、ALTER TABLE 和 DROP TABLE 等语句。语句级审计的动作是全局的，不对应具体的数据库对象
对象级	审计作用在特殊对象上的语句，如 test 表上的 INSERT 语句

审计设置存放于 DM 字典表 SYSAUDIT 中，进行一次审计设置就在 SYSAUDIT 中增加一条对应的记录，取消审计则删除 SYSAUDIT 中相应的记录。

语句级审计的操作是全局的，不对应具体的数据库对象。语句级审计选项的摘要介绍如表 9-5 所示，详细内容见《达梦 8 安全管理》。

表 9-5　语句级审计选项

审计选项	审计的数据库操作	说　明
ALL	所有的语句级审计选项	所有可审计操作
USER	CREATE USER ALTER USER DROP USER	创建/修改/删除用户操作
ROLE	CREATE ROLE DROP ROLE	创建/删除角色操作
GRANT	GRANT	授予权限操作
REVOKE	REVOKE	收回权限操作
AUDIT	AUDIT	设置审计操作
NOAUDIT	NOAUDIT	取消审计操作
INSERT TABLE	INSERT INTO TABLE	表上的插入操作

设置语句级审计的系统，语句如下：

```
VOID SP_AUDIT_STMT
(
    TYPE VARCHAR (30),
    USERNAME VARCHAR (128),
    WHENEVER VARCHAR (20)
)
```

参数说明如下：

TYPE 为语句级审计选项，即上表中的第一列；USERNAME 为用户名，NULL 表示不限制；WHENEVER 为审计时机，可选的取值包括 ALL 代表所有的、SUCCESSFUL 代表操作成功时、FAIL 代表操作失败时。

【例 9-16】 审计表的创建、修改和删除，语句如下：

```
SP_AUDIT_STMT('TABLE', 'NULL', 'ALL');
```

【例 9-17】 对 SYSDBA 创建用户成功进行审计，语句如下：

```
SP_AUDIT_STMT('USER', 'SYSDBA', 'SUCCESSFUL');
```

【例 9-18】 对用户 USER2 进行的表的修改和删除进行审计，不管失败或成功，语句如下：

```
SP_AUDIT_STMT ('UPDATE TABLE', 'USER2', 'ALL');
SP_AUDIT_STMT ('DELETE TABLE', 'USER2', 'ALL');
```

注意：

取消审计语句和设置审计语句进行匹配，只有完全匹配才可以取消审计，否则无法取消审计。

【例 9-19】 取消审计表的创建、修改和删除，语句如下：

```
SP_NOAUDIT_STMT ('TABLE', 'NULL', 'ALL');
```

【例 9-20】 取消对 SYSDBA 创建用户成功进行审计，语句如下：

```
SP_NOAUDIT_STMT ('USER','SYSDBA','SUCCESSFUL');
```

【例 9-21】取消对用户 USER2 进行表的修改和删除进行审计，不管失败或成功，语句如下：

```
SP_NOAUDIT_STMT ('UPDATE TABLE','USER2','ALL');
SP_NOAUDIT_STMT ('DELETE TABLE','USER2', 'ALL');
```

对象级审计发生在具体的对象上，需要指定模式名以及对象名。

【例 9-22】对用户 SYSDBA 对表 PERSON.ADDRESS 进行添加和修改的成功操作进行审计，语句如下：

```
SP_AUDI T_OBJECT('INSERT', 'SYSDBA', 'PERSON', 'ADDRESS', 'SUCCESSFUL');
SP_AUDI T_OBJECT('UPDATE', 'SYSDBA', 'PERSON', 'ADDRESS', 'SUCCESSFUL');
```

【例 9-23】 对用户 SYSDBA 对表 PERSON.ADDRESS 的 ADDRESS1 列进行修改成功的操作进行审计，语句如下：

```
SP_AUDIT_OBJECT('UPDATE', 'SYSDBA', 'PERSON', 'ADDRESS', 'ADDRESS1', 'SUCCESSFUL');
```

取消对象级审计的使用说明与取消语句级审计类似。

> **补充知识：**
>
> 尽管审计的开销并不是很大，但是要尽可能地限制审计对象和审计事件的数量，最大限度地降低审计带来的性能方面的影响，并且减小审计记录的规模。

DM 提供了图形界面的审计分析工具 Analyzer，实现对审计记录的分析功能，能够根据所制定的分析规则，对审计记录进行分析，判断系统中是否存在对系统安全构成危险的活动。

只有审计用户才能使用审计分析工具 Analyzer。审计用户登录审计分析工具后，通过 Analyzer 创建和删除审计规则，指定对某些审计文件应用某些规则，并将审计结果以表格的方式展现出来。

打开审计用户登录 Analyzer 后可看到的工具主界面如图 9-6 所示。

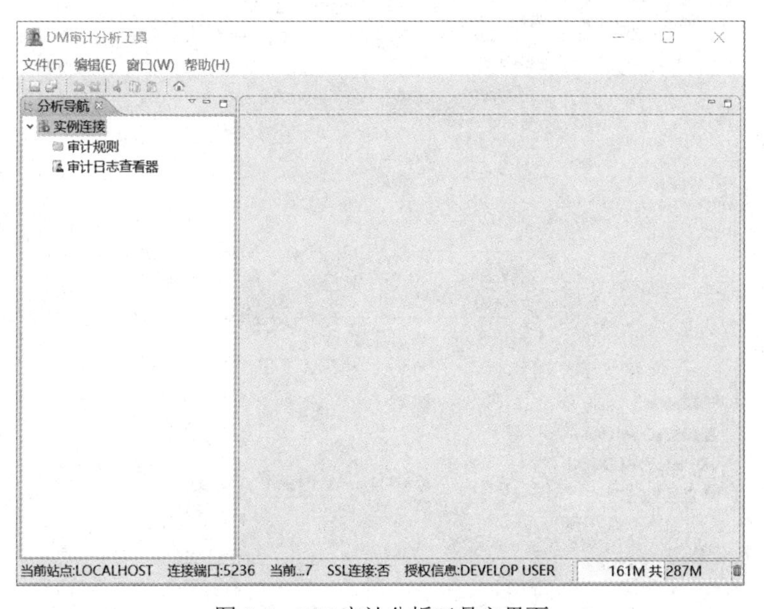

图 9-6　DM 审计分析工具主界面

右键单击导航树中的“审计规则”节点，在弹出的菜单中选择“新建审计分析规则”。图 9-7 所示是打开新建审计分析规则窗口。

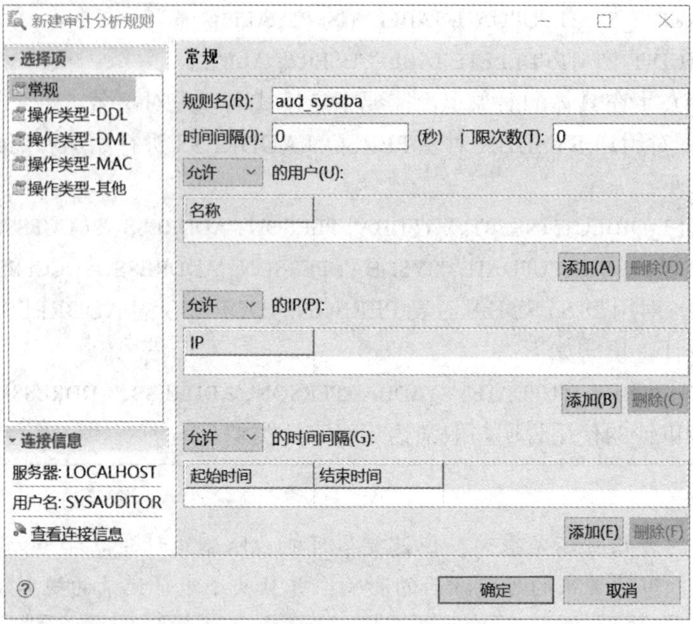

图 9-7　新建审计分析规则窗口

图 9-8 中创建了一个名为 aud_sysdba 的审计分析规则，对 SYSDBA 的所有审计记录进行分析。之后就可以将这个审计分析规则应用于对审计记录文件的分析。右键点击“审计规则”按钮或一个具体的审计分析规则节点，在弹出的菜单中选择“审计规则分析”，弹出审计规则分析窗口，如图 9-8 所示。

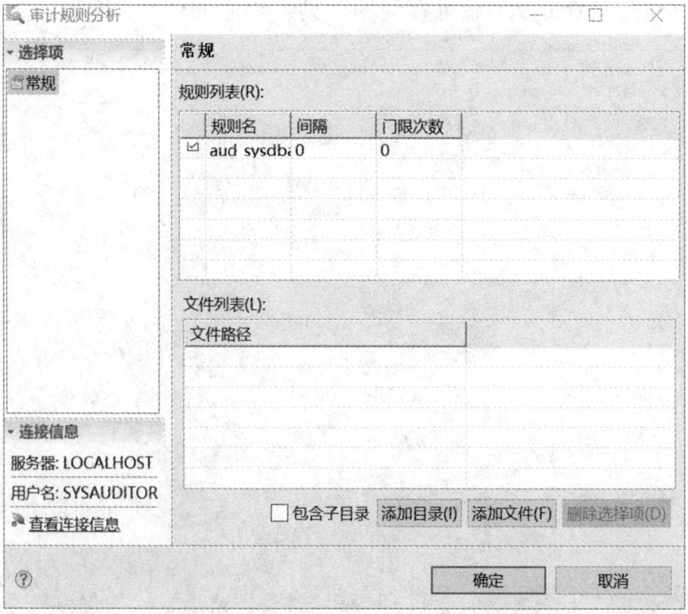

图 9-8　审计规则分析窗口

审计分析规则由一系列的条件组合而成，这些条件包括用户名、模式名、审计对象名、审计操作名、操作时间段、IP 段、时间间隔和门限次数以及这些条件的组合。用户对审计文件进行分析时，可以同时应用多个规则，分析结果为应用各个分析规则的交集。

用户选择需要应用的审计分析规则，可以同时选择多条，在下面的文件列表中添加需要进行分析的审计记录文件，Analyzer 工具会根据审计分析规则对文件中的审计记录进行分析，将满足规则的审计记录以表格的形式显示出来。

在审计规则分析结果显示窗口中，用户还可以对显示的审计记录根据需要进行再次过滤，分析出需要的审计记录。用户可以双击“审计日志查看器”弹出如图 9-9 所示的窗口。添加需要查看的审计记录文件，还可在窗口左侧的“选择项”中设置各种过滤条件，设置完成之后点击“确定”按钮，系统会将满足规则的审计记录以表格的形式显示出来。

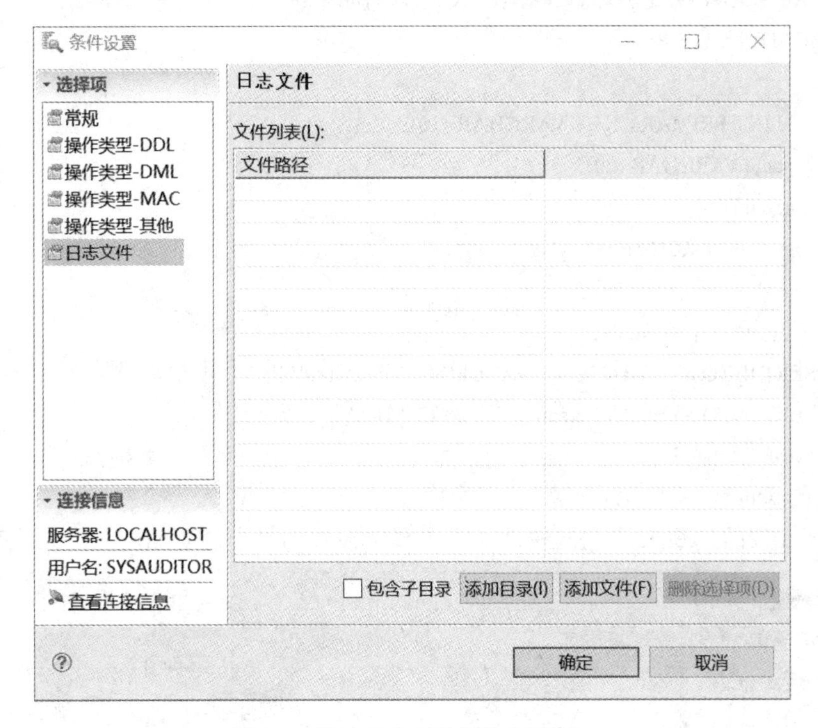

图 9-9　审计日志查看条件设置窗口

9.3 数 据 加 密

对于高度敏感的数据，例如财务数据、军事数据、国家机密数据等，可以采用数据加密技术。数据加密是防止数据在存储和传输中失密的有效手段。加密的基本思想是根据一定的算法将原始数据——“明文”变换为不可直接识别的格式——“密文”，使得不知道解密算法的人无法获取数据的内容。数据加密主要包括存储加密和传输加密两种形式。

9.3.1　存储加密

DM 提供透明、半透明和非透明三种存储加密方式。

透明存储加密是数据写到磁盘时对数据进行加密，授权用户读取数据时对其进行解密。由于数据加密对用户透明，数据库的应用程序不需要做任何修改，只需在创建表语句中说明需加密的字段即可。当对加密数据进行增加、删除、修改、查询操作时，数据库管理系统将自动对数据进行加密、解密工作。

半透明加密需要设置用户密钥，设置用户的密钥在存储加密时使用，若不设置密钥，则系统会自动生成一个密钥。

非透明存储加密通过多个加密函数实现。

1. 半透明加密

【例 9-24】 对 Person 中的性别属性采用半透明加密。

(1) 在 SYSDBA 模式下创建 Person 表，语句如下：

```
CREATE TABLE Person
(
    id INT PRIMARY KEY VARCHAR (10),
    name VARCHAR (20),
    age INT (3),
    gender VARCHAR (5)
);
```

(2) 插入记录，语句如下：

```
INSERT INTO SYSDBA.Person VALUES (1, '张三', 18, '男');
INSERT INTO SYSDBA.Person VALUES (2, '李四', 17, '女');
COMMIT;
```

(3) 设置 gender 为半透明加密。

在 Person 表的“gender”列的属性上设置加密模式为“半透明加密”，如图 9-10 所示。

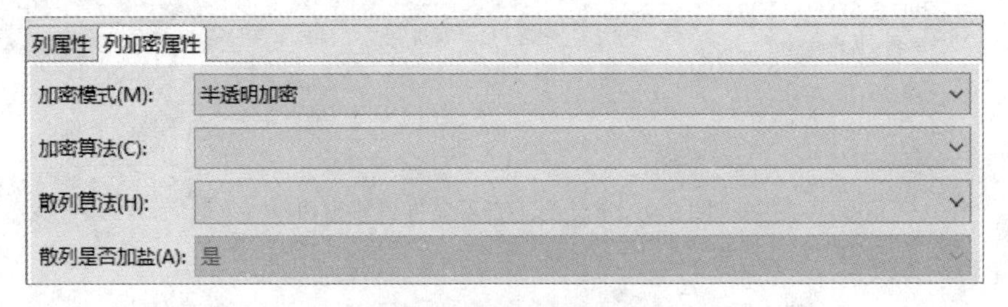

图 9-10　设置半透明加密

(4) 用 SYSDBA 查询 Person 表，结果示例如表 9-6 所示。

表 9-6　SYSDBA 查询得到的结果示意

id	name	age	gender
1	张三	18	男
2	李四	17	女

(5) 用其他用户查询 Person 表。

使用其他用户登录数据库，查询 Person 表，结果示例如表 9-7 所示。

表 9-7　非 SYSDBA 用户查询得到的结果示意

id	name	age	gender
1	张三	18	NULL
2	李四	17	NULL

当前用户插入的数据，别的用户是无法查看的。这就是半透明加密的作用。

2. 非透明加密

非透明存储加密是用户通过存储加密函数 CFALGORITHMSENCRYPT 来进行的。需要指定加密算法和密钥，查询的时候需要使用加密算法和密钥。

【例 9-25】 要对表中性别(gender)属性进行非透明加密，语句如下：

```
CFALGORITHMSENCRYPT ('男/女', 514, '111');
```

其中，“男/女”为要加密的字段值，514 是加密算法，“111”是密钥。

```
INSERT INTO SYSDBA.Person VALUES (1, '张三', 18, CFALGORITHMSENCRYPT ('男', 514, '111'));
INSERT INTO SYSDBA. Person VALUES (2, '李四', 17, CFALGORITHMSENCRYPT ('女', 514, '111'));
COMMIT;
```

普通查询语句“SELECT gender FROM Person;”得到的结果如下：

```
5461F8498E498Q61494E16;
```

利用带了解密函数的查询语句“SELECT CFALGORITHMSDECRYPT (gender, 514, '111') FROM Person;”得到的结果如下：

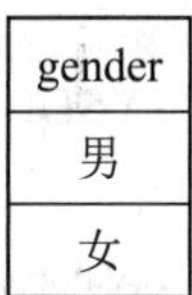

gender
男
女

9.3.2　传输加密

在客户/服务器结构中，数据库用户与服务器之间若采用明文方式传输数据，容易被网络恶意用户截获或修改，存在安全隐患。因此，为保证二者之间数据交换的安全，数据库管理系统加入了传输加密功能。

常用的传输加密方式有链路加密和端到端加密。其中，链路加密对传输数据在链路层进行加密，它的传输信息由报头和报文两部分组成，前者是路由选择信息，而后者是传送的数据信息，这种方式对报文和报头均加密；相对地，端到端加密对传输数据在发送端加密，接收端解密，它只加密报文，不加密报头。与链路加密相比，它只在发送端和接收端需要密码设备，而中间节点不需要密码设备，因此，它所需密码设备数量相对较少。但这种方式不加密报头，从而容易被非法监听者发现并从中获取敏感信息。

数据库加密使用已有的密码技术和算法，对数据库中存储的数据和传输的数据进行保护。加密后数据的安全性得到进一步提高，即使攻击者获取数据源文件，也很难获取原始数据。但是，数据库加密增加了查询处理的复杂性，查询效率受到影响。加密数据密钥的管理和数据加密对应用程序的影响，也是数据加密过程中需要考虑的问题。

9.4　数据库备份与还原

为防止系统遭受攻击、软件意外崩溃或硬件损伤而导致数据丢失，DM 提供了备份和还原功能。定期对数据库进行备份是保证数据安全的一个重要措施，进行备份后，即使发生意外，也可以把损失降到最低。

DM 提供多种备份方法，包括物理备份和逻辑备份两种。物理备份又分为脱机备份和联机备份，备份的都是物理文件，联机备份还可以支持增量备份。逻辑备份是将数据备份压缩成一个二进制系统文件，可以在不同操作系统间迁移。

脱机备份的优点是简单，缺点是要求停止数据库服务。本节介绍应用更加广泛的联机备份，联机备份的条件为达梦数据库处于打开状态、DMAP 服务处于运行状态、数据库处于归档模式。

9.4.1　检查数据库状态

利用达梦服务查看器，查看 DM 的状态和 DMAP 服务的状态。要确保两服务处于关闭状态。具体操作参照 2.3 节。

9.4.2　打开数据库归档

1. 检查达梦数据库运行模式

使用用户名“sysdba”(默认密码为“SYSDBA”)进入 SQL 提示状态。在 SQL 提示符下，输入命令如下：

```
SQL>SELECT name, arch_mode FROM v$database;
```

若结果如下所示。其中，“N”说明达梦归档模式未打开，若其结果为“Y”，则说明归档模式已经打开。

```
行号      NAME      ARCH_MODE
------------ ------------ ------------
1         DAMENG        N
```

2. 打开达梦数据库归档

(1) 数据库切换到配置模式：

```
SQL> ALTER database mount;
```

(2) 配置归档路径：

```
SQL> ALTER database ADD ACHIEVELOG 'dest=/c:/dmdbms/arch, type=local, file_size=64, space_limit=0';
```

(3) 打开归档模式：

```
SQL> ALTER database ACHIEVELOG;
```

(4) 打开数据库：

```
SQL> ALTER database OPEN;
```

3. 检查数据库运行模式

输入命令如下：

```
SQL> SELECT name, arch_mode FROM v$database;
```

若得到类似如下结果，则说明归档模式已打开。

行号	NAME	ARCH_MODE
1	DAMENG	Y

9.4.3　备份数据库

打开达梦管理工具，登录后，逐层选择【备份】|【库备份】，右击鼠标，点击“新建备份”按钮，如图 9-11 所示。

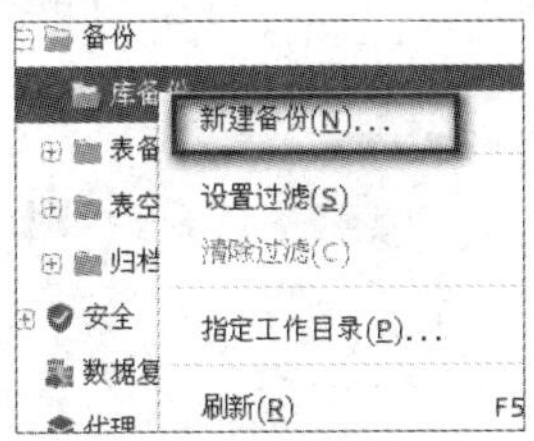

图 9-11　选择新建备份

出现“备份数据库”对话框，如图 9-12 所示。在“备份名”处输入名称，在“备份集目录”处选择备份文件所在的路径。

“完全备份”是指对整个数据库做备份。

“增量备份”是指备份改变的数据，没有改变的数据不进行备份。其前提是要有一次完全备份，因为增量备份是在完全备份的基础上进行的。

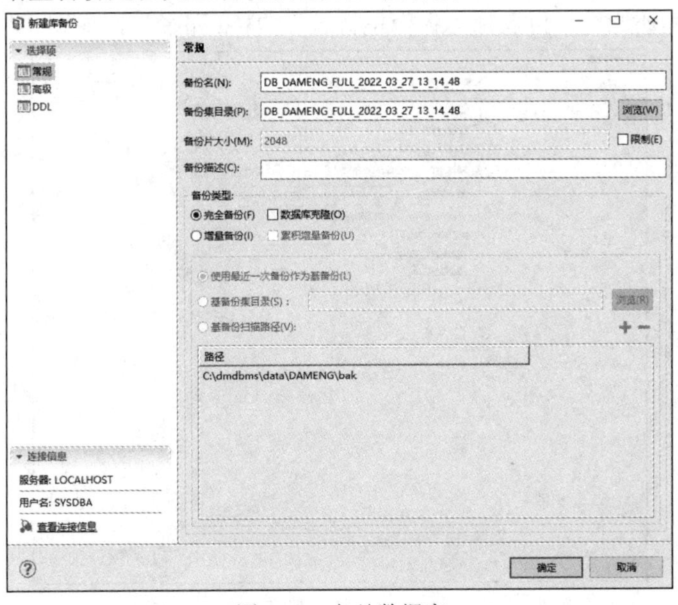

图 9-12　备份数据库

注意：

“备份名”“备份集目录”不要出现汉字以及含有空格的路径，以避免备份时出现错误。

9.4.4　还原数据库

数据库发生异常情况，不能正常使用时，需要利用最近的备份对数据库进行还原和恢复操作，恢复到数据完整和故障前的状态。还原操作通过达梦控制台工具或者 dmrman 工具实施。

还原之前，关闭数据库服务，具体操作参照 2.3 节。

(1) 打开控制台工具，选择“备份还原”，如图 9-13 所示。

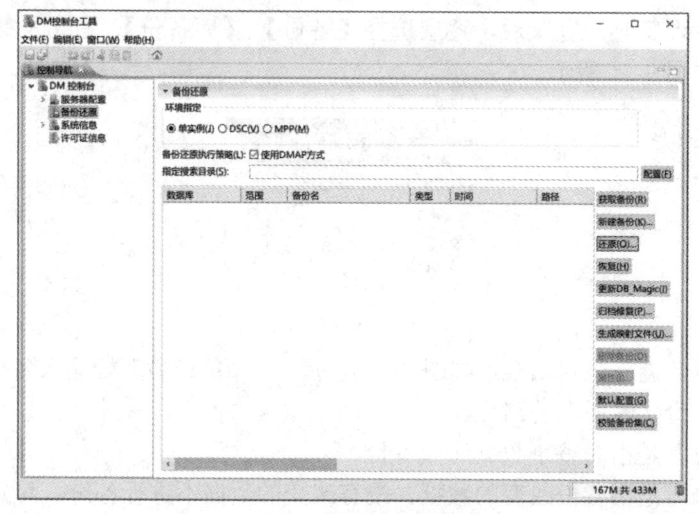

图 9-13　利用控制台还原

(2) 选择“库还原”，再选择“备份集目录”“INI 路径”，如图 9-14 所示。

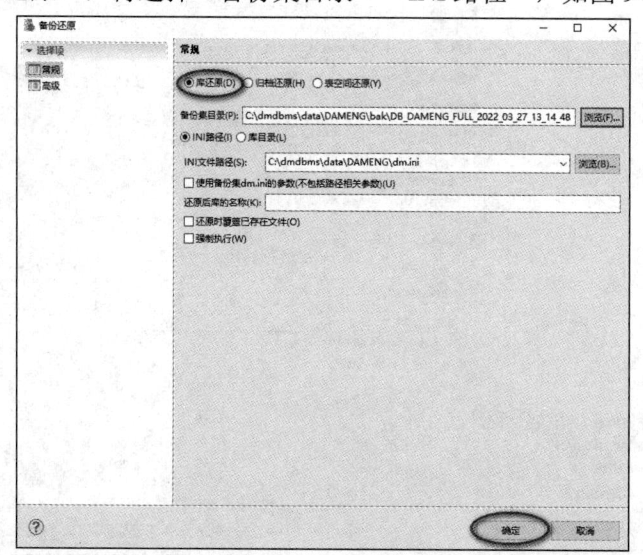

图 9-14　还原数据库

(3) 选择“指定归档恢复”数据库，如图 9-15 所示。

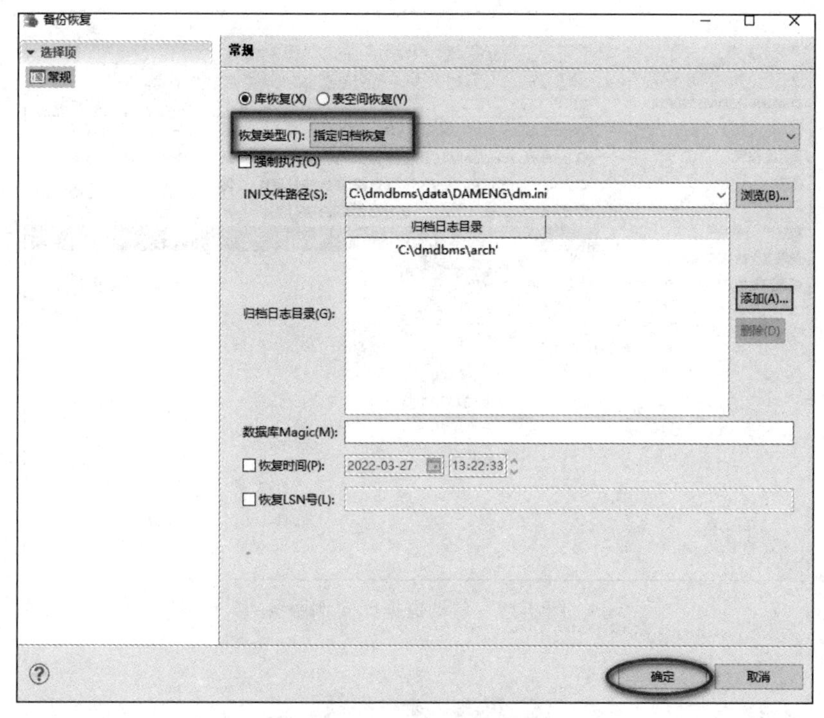

图 9-15　指定归档恢复数据库

(4) 更新数据库魔数(DB_MAGIC，数据库每全库恢复一次，DB_MAGIC 数字就会更新一次)，如图 9-16 所示。

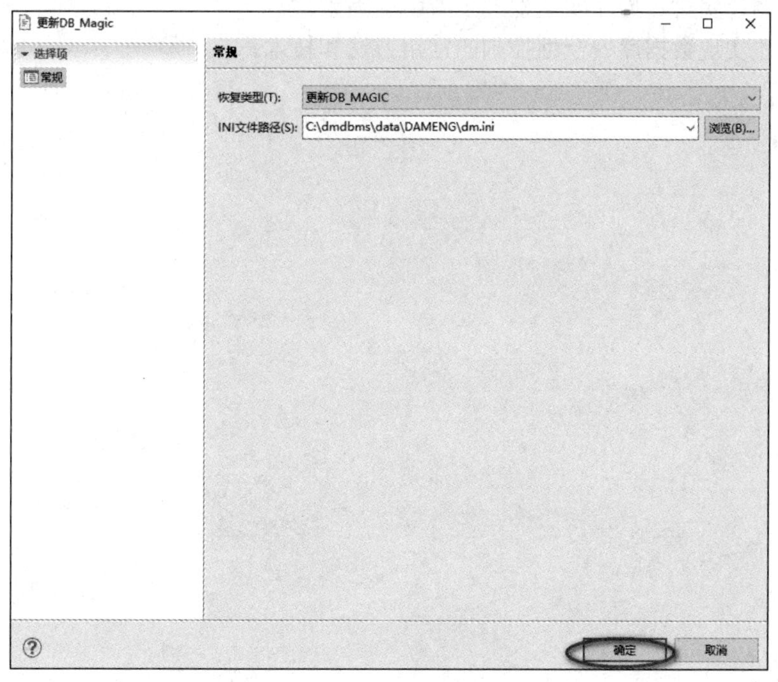

图 9-16　更新魔数

(5) 启动达梦数据库实例服务，如图 9-17 所示。

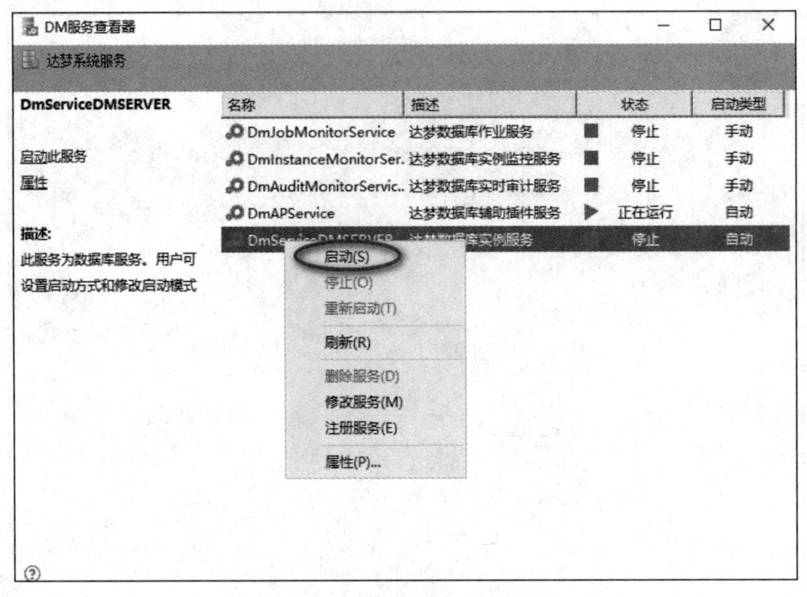

图 9-17　启动数据库实例服务

思　考　题

1. 请简述数据库中数据安全性和完整性的区别。
2. 请举例说明对数据库安全性产生威胁的因素。
3. 请简述实现数据库安全性控制的常用方法和技术。

第 10 章　数据库应用程序开发

主要目标：

- 理解数据库应用程序开发的基本过程。
- 了解通过 JDBC 访问达梦数据库的基本过程。
- 了解 MVC 框架的概念。
- 了解利用 IntelliJ IDEA 开发 Java Web 程序的过程。

大部分用户是通过应用程序来访问数据库中的数据，而不是使用数据库管理工具。要开发数据库应用程序需要具备程序设计与编程的基础知识、开发工具的使用技能等。工程上，通常通过 Java 数据库连接(Java DataBase Connectivity，JDBC)、开放数据库互联(Open DataBase Connectivity，ODBC)等方式来访问数据库。本章简要介绍通过 JDBC 来访问数据库，实现简单的数据增删改过程。

10.1　开发准备

开发者在进行应用程序开发之前需要配置 Java 的环境。典型的环境需要 Java 开发环境和 Java 开发软件。Java 开发环境为 Java JDK，Java Web 运行环境为 Tomcat，常见的 Java 开发软件包括 IntelliJ IDEA、Eclipse 或 MyEclipse 等。

10.1.1　安装 JDK

JDK 全称为 Java Development Kit，是为 Java 程序开发者提供的软件开发工具包，主要用于 Java 应用程序的开发。JDK 是整个 Java 开发的核心，它包含了 Java 的运行环境和 Java 工具。Java 运行环境包括 Java 虚拟机(Java Virtual Machine，JVM)和 Java 类库。JDK 有 3 种版本。

(1) Java SE，即 Java 标准版(Standard Edition)，是通常用的一个版本。

(2) Java EE，即 Java 企业版(Enterprise Edition)，用来开发企业级应用(Java 2 Platform Enterprise Edition，J2EE)程序。

(3) Java ME，即 Java 移动版(Micro Edition)，主要用于开发移动设备、嵌入式设备上的 Java 应用程序。

本书采用的 JDK 版本是 JDK.8u144 x64 版本，下载地址为 https://www.oracle.com/java/technologies/javase/javase-jdk8-downloads.html。

注意：

本书的安装环境为 Windows 10 64 位系统，如果使用的是 32 位系统，需要下载 x86 版本的 JDK。

下载该安装文件之后，安装的步骤如下所示。

(1) 运行 jdk-8u144-windows-x64.exe，界面如图 10-1 所示。

(2) 点击“下一步”按钮，进行定制安装，如图 10-2 所示。

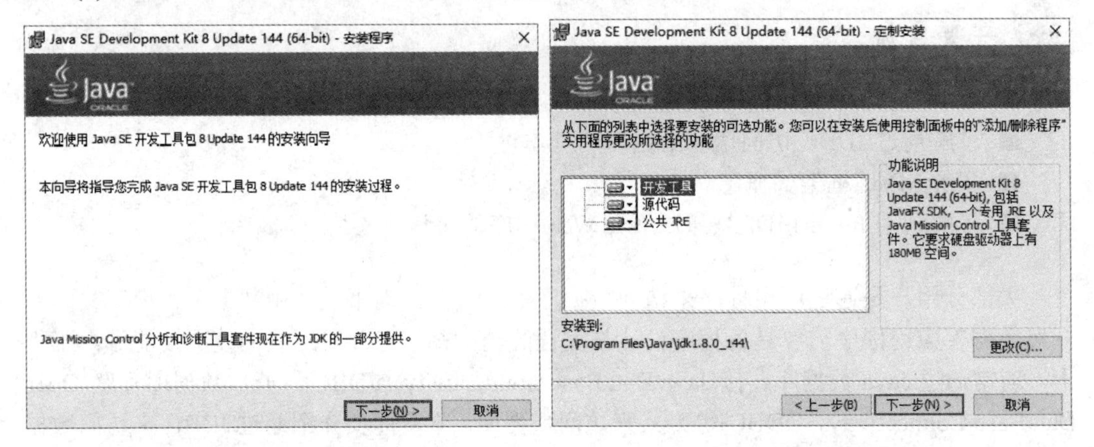

图 10-1　JDK 安装过程(1)　　　　图 10-2　JDK 安装过程(2)

(3) 采用默认的安装路径，默认的安装内容，点击“下一步”按钮，安装过程中会自动运行 Java 安装程序，如图 10-3 所示。

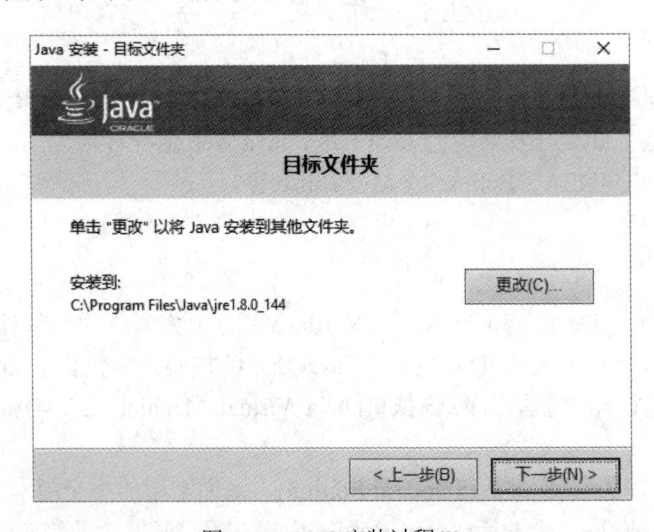

图 10-3　JDK 安装过程(3)

(4) Java 安装同样采用默认安装路径，点击“下一步”按钮，安装完成后进行环境变量配置。

(5) 在“我的电脑”上右击鼠标，依次通过“属性”→“高级系统设置”→“高级”→“环境变量”进入环境变量管理界面。编辑系统变量“JAVA_HOME”(若无此变量，需点击“新建”按钮)，设置变量值为“C:\Program Files (x86)\Java\jdk1.8.0_144”(即 JDK 的安装路径)。编辑环境变量“JAVA_HOME”的界面如图 10-4 所示。

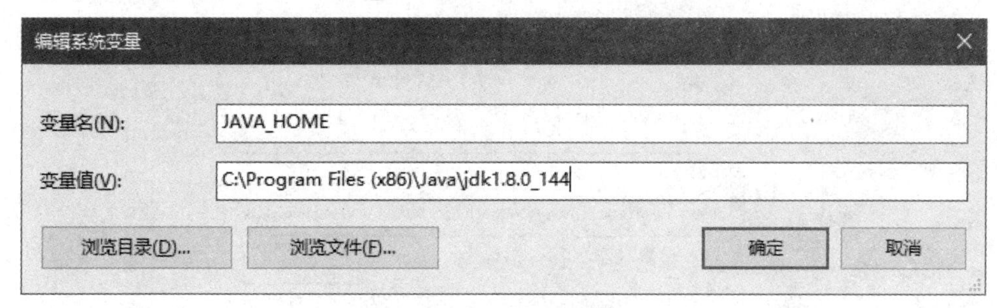

图 10-4　JDK 安装过程(4)

(6) 编辑系统变量“Path”，点击“新建”按钮，然后输入“%JAVA_HOME%\bin”，点击“确定”按钮，再次点击“新建”按钮，然后输入“%JAVA_HOME%\jre\bin”，点击“确定”按钮。编辑系统变量“Path”的具体步骤如图 10-5 所示。

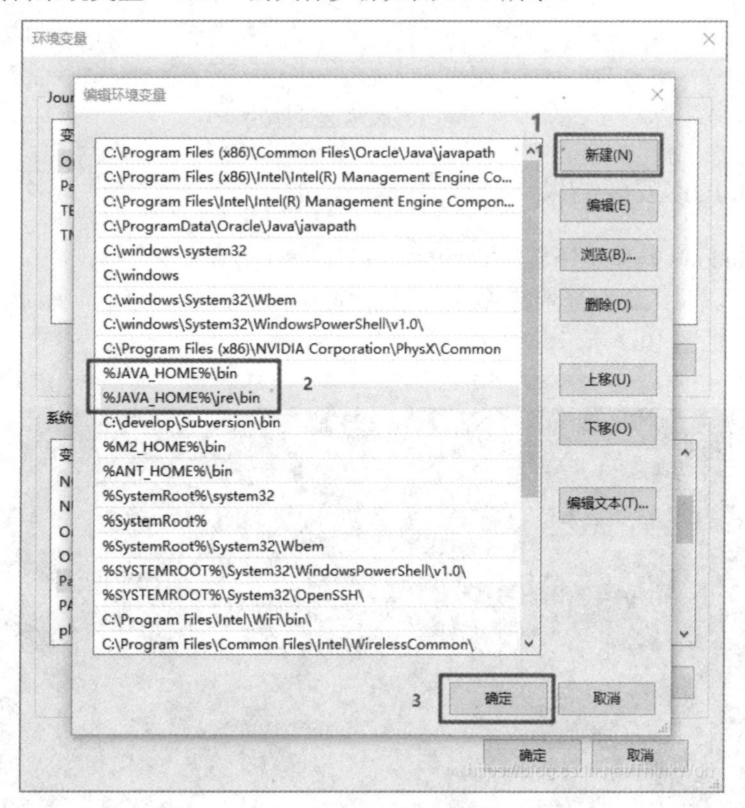

图 10-5　JDK 安装过程(5)

(7) 编辑系统变量“CLASSPATH”。其值设置为“;%JAVA_HOME%\lib; %JAVA_HOME%\lib\dt.jar; %JAVA_HOME%\lib\ tools.jar”。编辑系统变量“CLASSPATH”的具体步骤如图 10-6 所示。

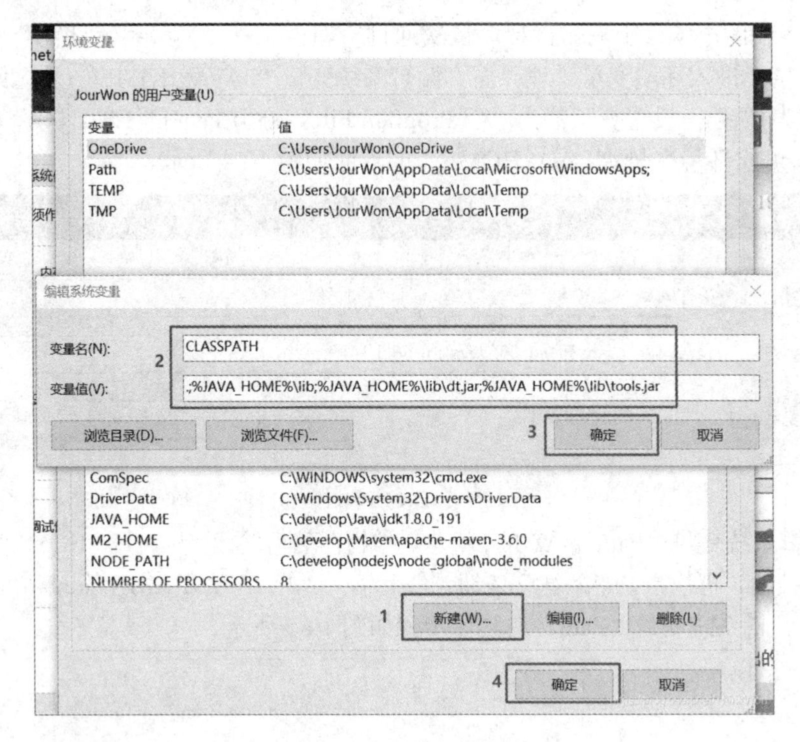

图 10-6　JDK 安装过程(6)

10.1.2　测试 JDK 安装结果

(1) 在 Windows 操作系统显示桌面的状态下，按下“Win+R”键，打开“运行”，输入“cmd”并回车，进入命令提示符状态。输入“java -version”并回车，此时应输出 Java 的版本 1.8.0_271 如图 10-7 所示。

图 10-7　JDK 安装过程(7)

(2) 输入“javac”并回车，输出 javac 的命令提示如图 10-8 所示。

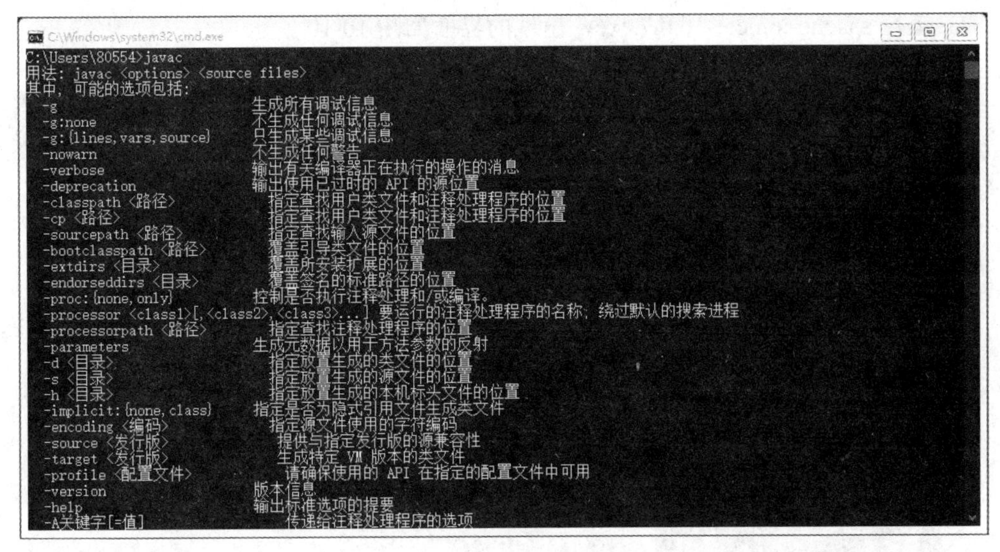

图 10-8　JDK 安装过程(8)

(3) 输入“java”并回车，将显示 java 的所有命令提示，如图 10-9 所示。

图 10-9　JDK 安装过程(9)

上述步骤若能成功显示类似于图 10-7～图 10-9 所示的内容，则说明 JDK 安装成功。

10.1.3　安装 Tomcat 软件

Tomcat 软件是一个免费的开放源代码的 Web 应用服务器，属于轻量级应用服务器，普遍使用在中小型系统且并发访问用户不是很多的场景，是开发和调试 Web 应用程序的首选。Tomcat 官方网址为 https://tomcat.apache.org/。

本书使用的 Tomcat 版本为 10.0.7，下载链接为 https://downloads.apache.org/tomcat/tomcat- 10/ v10.0.7/bin/ apache-tomcat-10.0.7.exe。

下载该安装包后，即可进行 Tomcat 软件的安装操作。

(1) 运行 apache-tomcat-10.0.7.exe，出现的界面如图 10-10 所示。

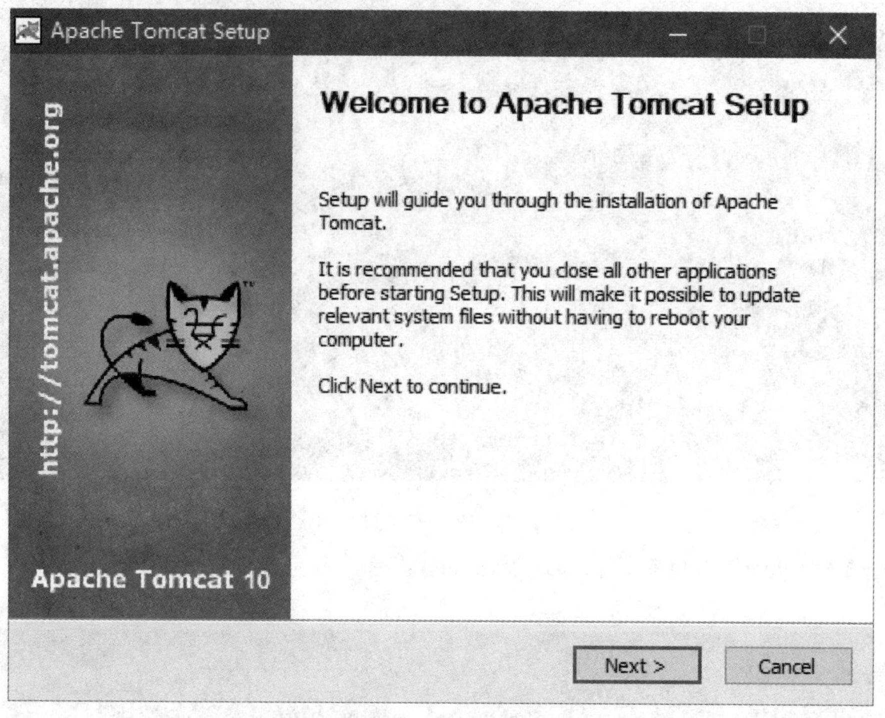

图 10-10　Tomcat 安装过程(1)

(2) 点击“Next”按钮，阅读许可协议如图 10-11 所示。

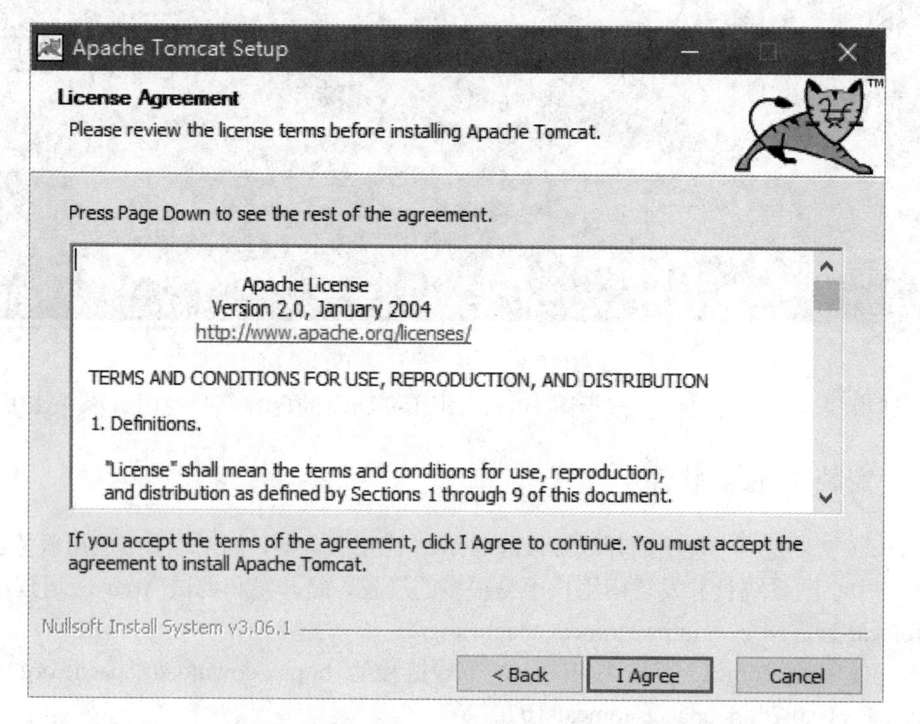

图 10-11　Tomcat 安装过程(2)

(3) 点击“I Agree”按钮，进行定制安装，选择默认“Normal”，如图 10-12 所示。

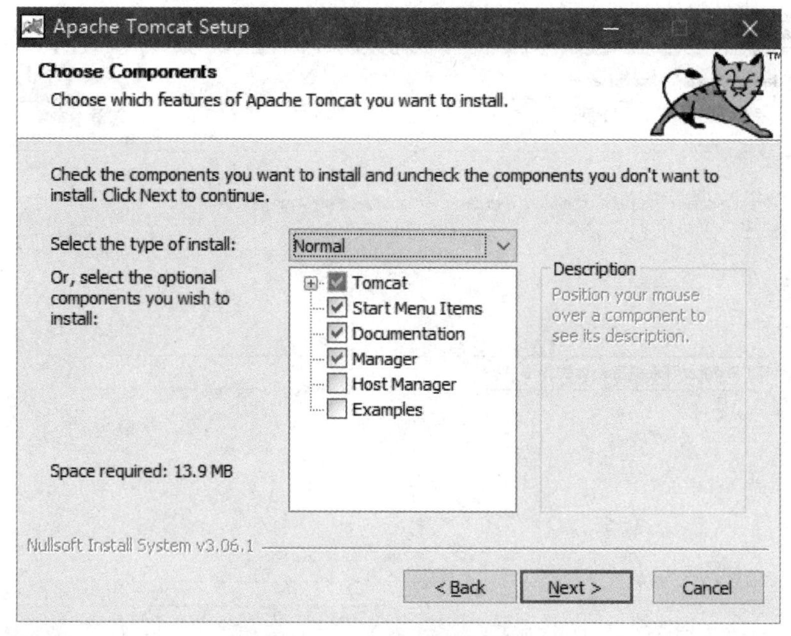

图 10-12　Tomcat 安装过程(3)

(4) 点击“Next”按钮，进行端口设置，服务器连接端口默认为 8080(保持不变即可，若此处进行了更改，在后续访问地址栏中的端口号也需相应修改)，如图 10-13 所示。

Apache Tomcat Setup: Configuration Options
Configuration
Tomcat basic configuration.
Server Shutdown Port　-1
HTTP/1.1 Connector Port　8080
Windows Service Name　Tomcat10
Create shortcuts for all users
Tomcat Administrator Login (optional)　User Name　Password　Roles　manager-gui
Nullsoft Install System v3.06.1
< Back　Next >　Cancel

图 10-13　Tomcat 安装过程(4)

(5) 点击“Next”按钮，如果设备已经安装 Java 开发环境，Tomcat 会自动找到 Java 的安装路径；如果无法自动找到 Java 的安装路径，可以点击“…”按钮手动设置 Java 的安装路径，如图 10-14 所示。

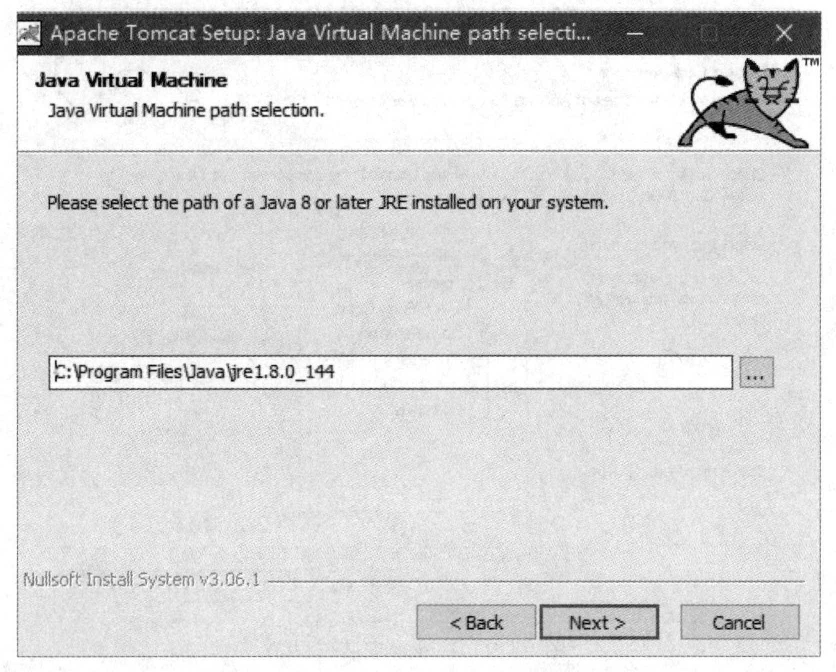

图 10-14　Tomcat 安装过程(5)

(6) 点击“Next”按钮，点击“Browse...”按钮，设置 Tomcat 的安装路径，路径中不能出现中文，如图 10-15 所示。

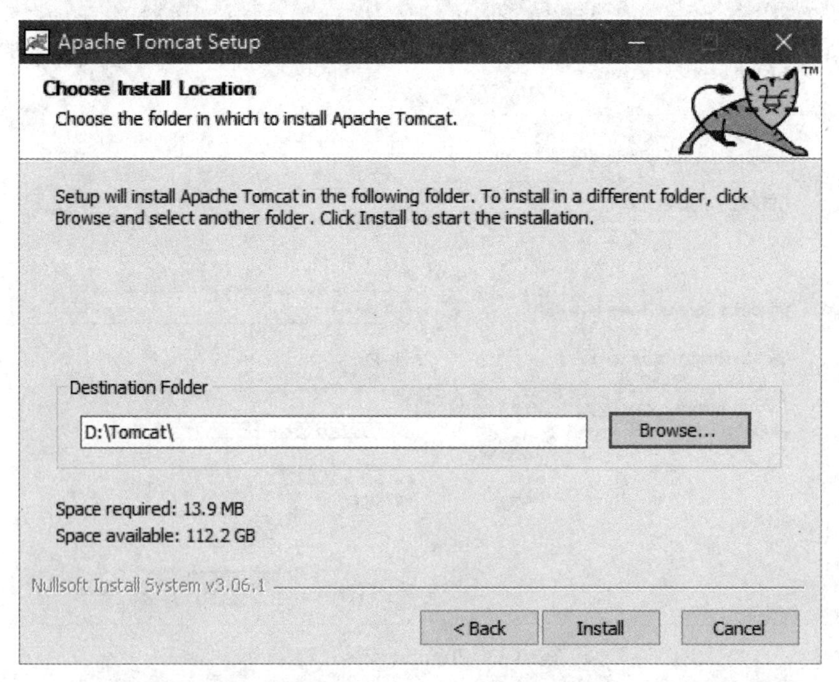

图 10-15　Tomcat 安装过程(6)

(7) 点击“Install”按钮进行安装。安装完成后，打开 D:\Tomcat\bin\Tomcat10.exe(Tomcat

程序安装路径)，开启 Tomcat 服务器，如图 10-16 所示。

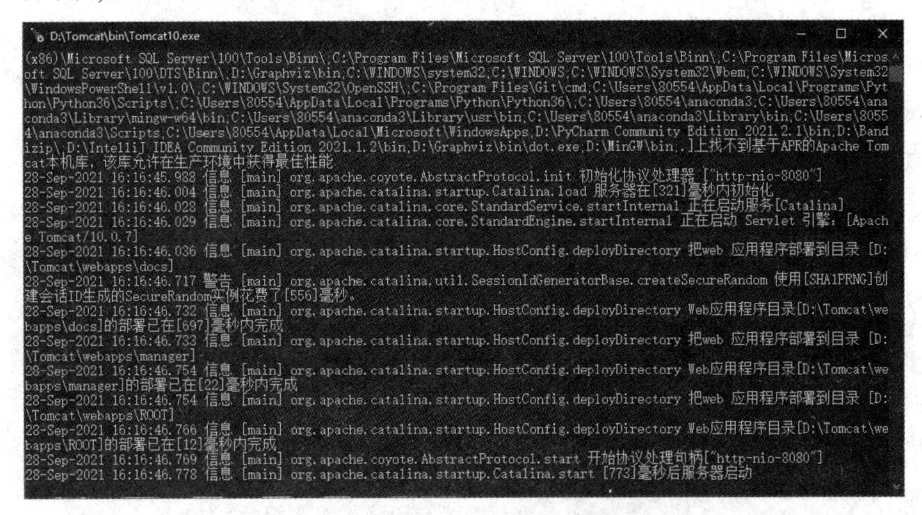

图 10-16　Tomcat 安装过程(7)

(8) 打开浏览器，在地址栏输入“http://localhost:8080/”并回车，出现如图 10-17 所示的 Tomcat 主页，说明安装成功。

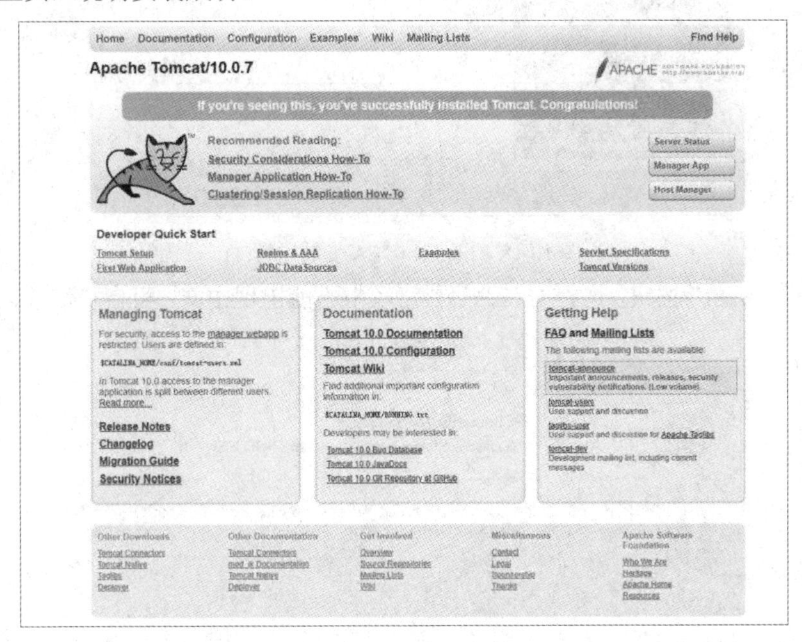

图 10-17　Tomcat 安装过程(8)

注意：

8080 是安装时的端口号。若安装时，更改了端口号(“HTTP/1.1 Connector Port”处的值)，此处输入的端口号应与其保持一致。

10.1.4　安装 Java 开发软件

Java 开发软件 IDEA，IDEA 的全称是 IntelliJ IDEA，是 Java 编程语言开发的集成环境。

它在智能代码助手、代码自动提示、重构、JavaEE 支持、各类版本控制工具(Git、SVN 等)、JUnit、CVS 整合、代码分析和创新的 GUI 设计等方面的功能可以说是超常的。本文所采用的版本为 IntelliJ IDEA 2021.1.2 x64 位。官方下载网址为 https://www.jetbrains.com/idea/download/#section=windows。

注意：

本示例的安装环境为 Windows 10 64 位操作系统。如果使用的是 32 位系统，需要下载 x86 版本的 IntelliJ IDEA。

(1) 运行 ideaIU-2021.1.2.exe，显示软件安装的主界面，如图 10-18 所示。

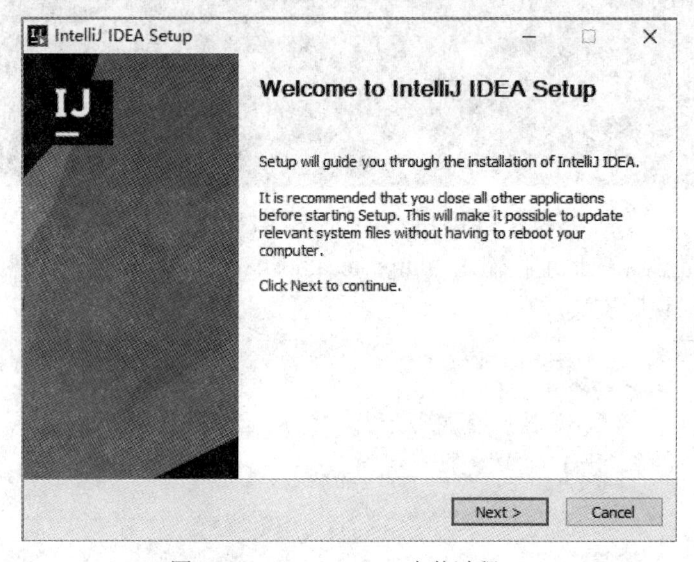

图 10-18　IntelliJ IDEA 安装过程(1)

(2) 点击“Next”按钮，选择安装路径，路径中不能出现中文，可自行修改，如图 10-19 所示。

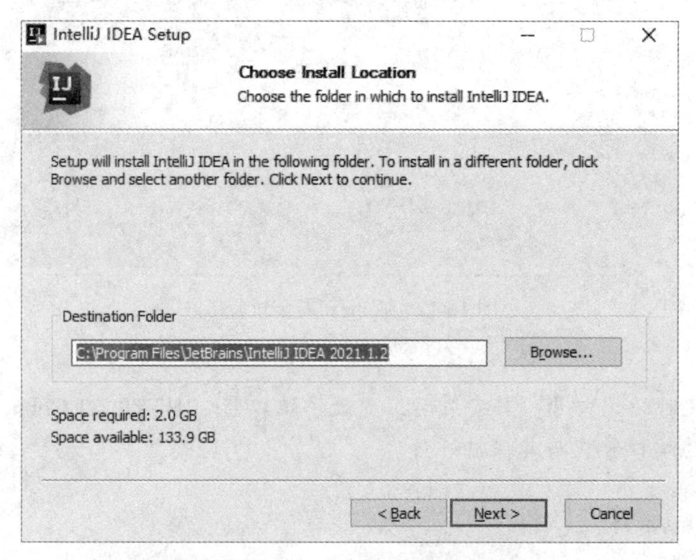

图 10-19　IntelliJ IDEA 安装过程(2)

(3) 点击“Next”按钮，选中“64-bit launcher”和“Add launcher dir to the PATH”复选框，如图 10-20 所示。

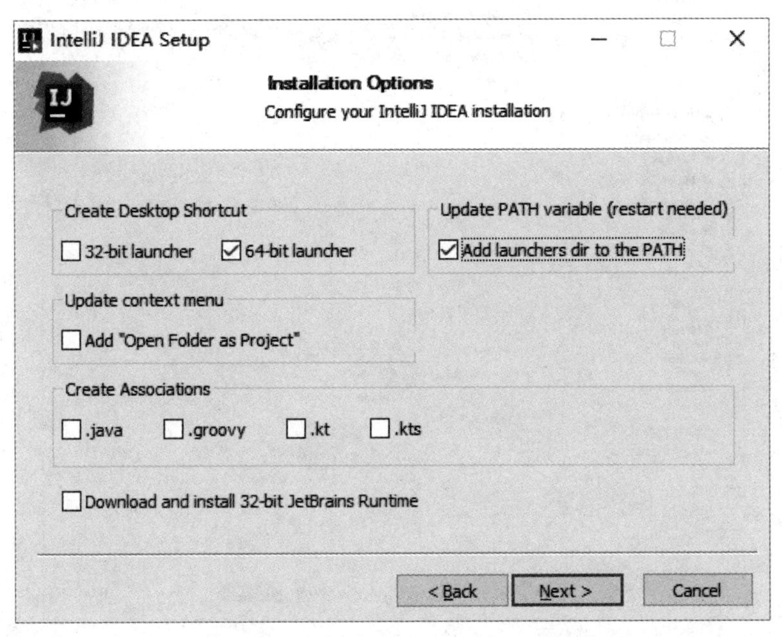

图 10-20　IntelliJ IDEA 安装过程(3)

(4) 点击“Next”按钮，选择开始菜单文件夹，如图 10-21 所示。

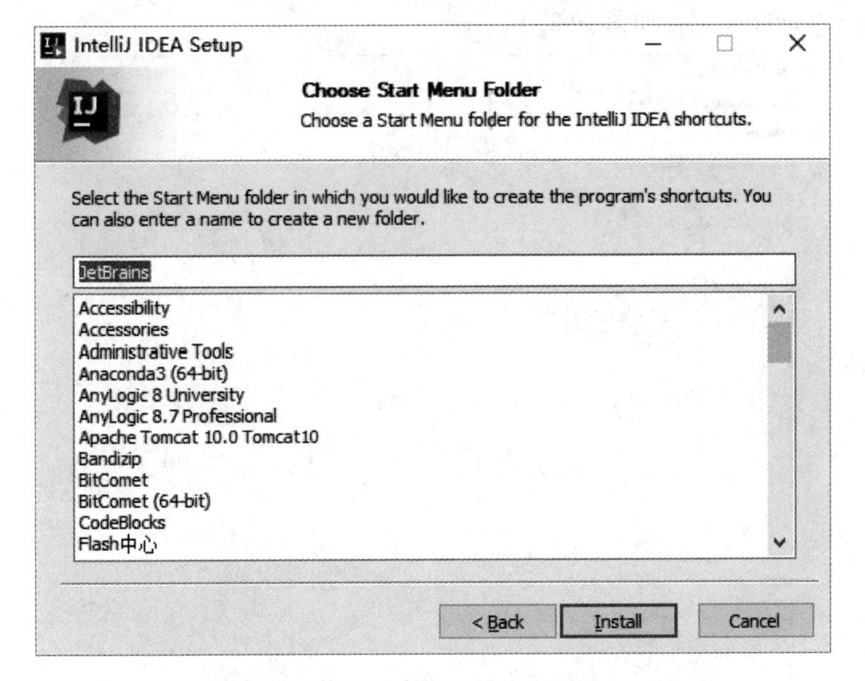

图 10-21　IntelliJ IDEA 安装过程(4)

(5) 点击“Install”按钮，进行安装，安装完成后，运行 IntelliJ IDEA 2021.1.2 x64。点击“Create New Project”按钮创建新项目，创建新项目界面如图 10-22 所示。

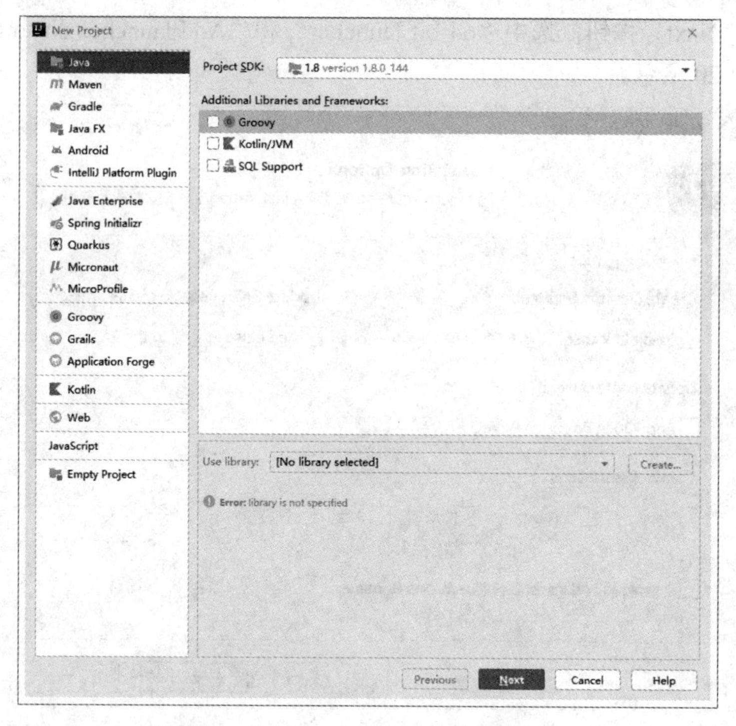

图 10-22　IntelliJ IDEA 安装过程(5)

(6) “Project SDK”选择 Java 开发环境中安装的 JDK1.8，点击“Next”按钮。输入项目名称为“NewProject”，如图 10-23 所示。

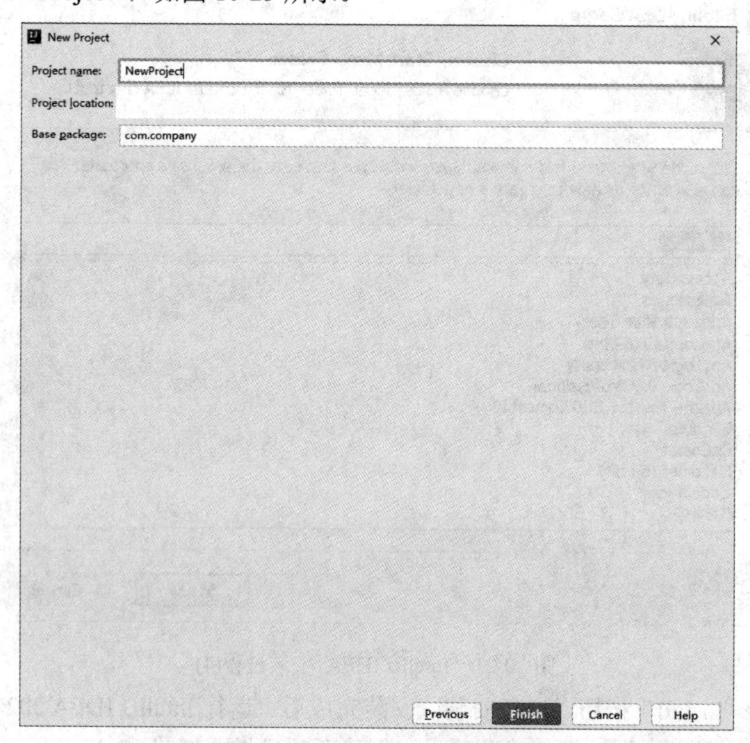

图 10-23　IntelliJ IDEA 安装过程(6)

(7) 点击“Finish”按钮，完成创建名为“New Project”的新项目，如图 10-24 所示。

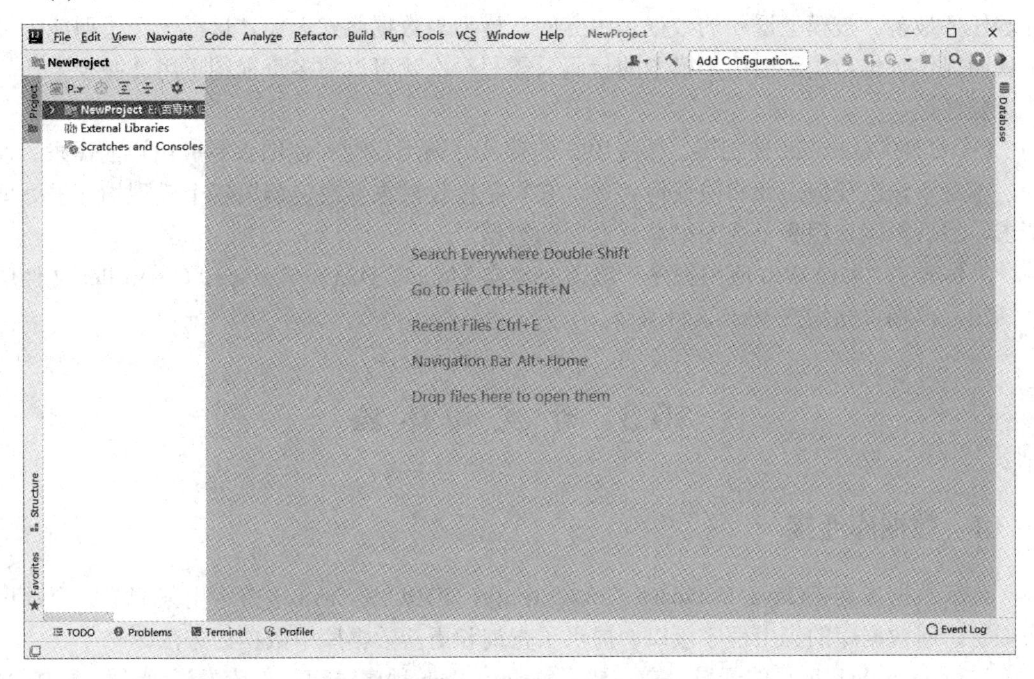

图 10-24　IntelliJ IDEA 安装过程(7)

10.2　Java Web 项目构成

Java Web 程序通常按照 MVC 框架来构建，MVC 框架结构如图 10-25 所示。

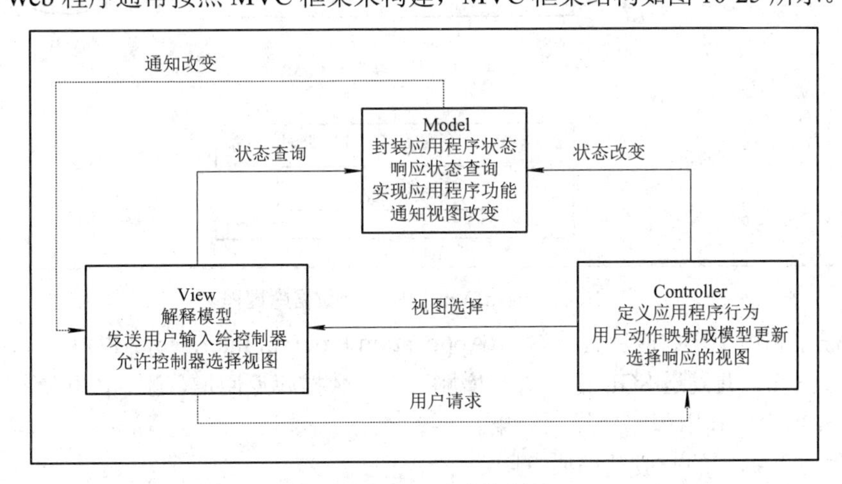

图 10-25　MVC 框架结构

(1) V 即 View 视图层，是指用户看到并与之交互的界面。比如由 HTML 元素组成的网页界面，或者软件的客户端界面。MVC 框架的好处之一在于它能为应用程序处理很多不同的视图。在视图层中其实没有真正的处理发生，它只是一种输出数据并允许用户操作的方式。

(2) M 即 Model 模型层，用来表示业务规则。在 MVC 框架的三个部件中，模型层的处理任务最多。被模型返回的数据是中立的，模型与数据格式无关，这样一个模型能为多个视图提供数据，由于应用于模型的代码只需写一次就可以被多个视图重用，减少了代码的重复性。

(3) C 即 Controller 控制层，接受用户的输入并调用模型和视图去完成用户的需求。控制层本身不输出任何东西和做任何处理，它只是接收请求并决定调用哪个模型构件去处理请求，然后再确定用哪个视图来显示返回的数据。

具体来讲，Java Web 应用程序一般需要建立 Model、DAO、Service、Controller 文件层级结构，前端页面均在 Web 文件夹下。

10.3 开发初体验

10.3.1 数据库连接

Java 数据库连接(Java Database Connectivity，JDBC)是 Java 语言中用来规范客户端程序如何访问数据库的应用程序接口，提供了查询和更新数据库中数据的方法。

进行 Java Web 项目的开发之前，要了解 Java Web 程序访问数据库的过程，如图 10-26 所示。

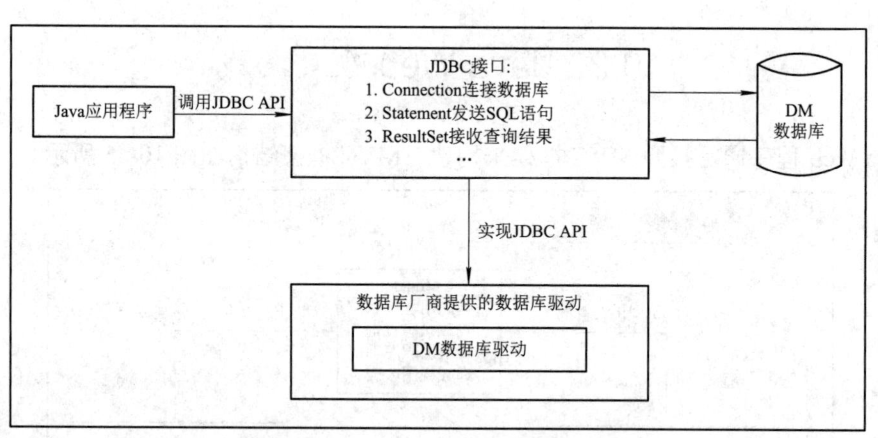

图 10-26 Java Web 程序访问数据库过程

Java 程序利用 JDBC 应用程序接口(Application Program Interface，API)中的数据库连接接口连接数据库，并发送 SQL 语句进行增删改查，数据库返回增、删、改和查询结果，并发送至 Java 程序，利用程序来显示结果。

连接达梦数据库的一般过程如下所示。

(1) 使用 IntelliJ IDEA 或者 Eclipse 创建一个 Java 项目，按图 10-27 建好文件结构。在 lib 文件夹中添加 DmJdbcDriver16.jar 包。

注意：

不要把 jsp 文件放到 lib 里面。图 10-27 为 lib 文件夹下的文件。

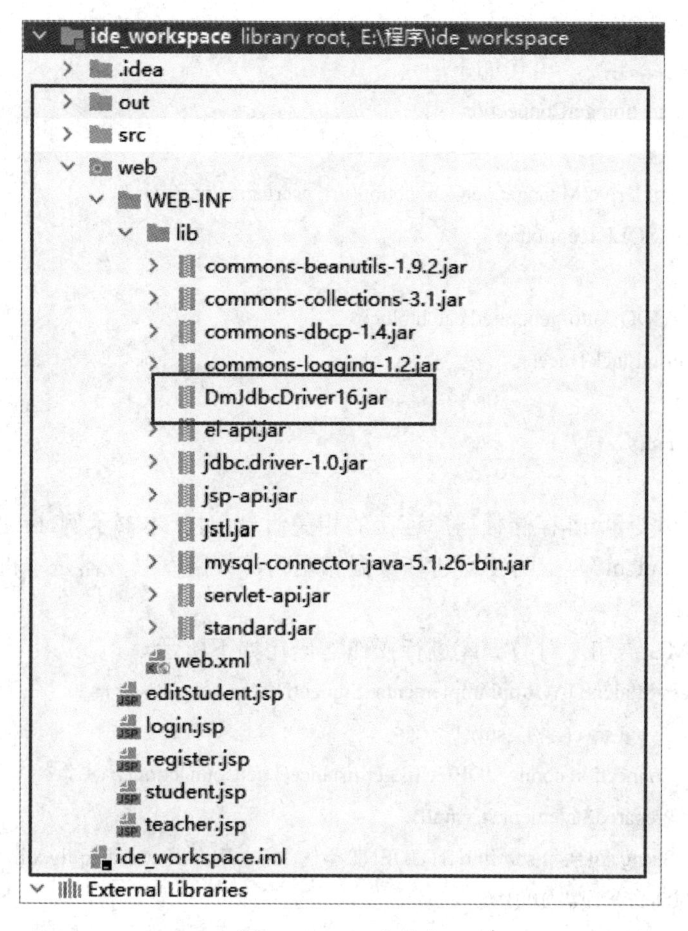

图 10-27　lib 文件夹

(2) 注册 JDBC 驱动。

JDBC 提供了一种基准，据此可以构建更高级的工具和接口，使数据库开发人员能够编写数据库应用程序。注册加载驱动需要执行的代码如下所示。

```
java.sql. DriverManager.registerDriver(new dm. jdbc. driver. DmDriver ());
```

为什么使用 Class.forName("dm.jdbc.driver.DmDriver")也可以注册呢？可以看到 dm.jdbc.driver.DmDriver 的源码，里面有一静态代码块，语句如下所示。

```
static {
    try
    {
        DriverManager.registerDriver(driver);
    } catch (Exception var0)
    {
        DBError.throwRuntimeException("Cannot load Driver class dm.jdbc.driver.DmDriver");
    }

    IDGenerator = new AtomicLong(0L);
```

```
}
```

(3) 获取数据库连接，语句如下所示。

```
public Connection getConnection () {
    try {
        return DriverManager.getConnection(url, username, password);
    } catch (SQLException e)
    {
        // TODO Auto-generated catch block
        e.PrintStackTrace();
    }
    return null;
}
```

通常用字符串变量url存储数据库连接的相关信息，对于本书示例，url的值为“jdbc: dm: //localhost: 5236/student”，指明使用达梦数据库驱动，数据库服务器是本机，端口为5236，模式名为student。

(4) 定义DML语句，对数据库进行操作，语句如下所示。

```
public class StudentDAOImpl implements IStudentDAO {
    public void save(学生 stu) {
        Connection conn = JDBCUtil.getInstance().getConnection();
        PreparedStatement st = null;
        String sql = "insert into STUDENT.学生(xh, stuName, sex, csrq,jig,xih) values (201301, '张
三', '男', 1997-09-17,'陕西', '1001')";
        try {
            st=conn.prepareStatement(sql);
        } catch (SQLException e)
        {
            e. PrintStackTrace();
        } finally {
            JDBCUtil.getInstance().close(null, st, conn);
        }
    }
}
```

(5) 调用DML语句方法。

定义DML语句之后，需要对其进行调用才能实现数据库操作。

【例10-1】 插入数据的语句如下所示。

```
public class UserDAOImpl    implements IUser {
    public void save(T_USER user) {
        Connection conn = JDBCUtil.getInstance().getConnection();
        PreparedStatement st = null;
```

```
            String sql = "insert into STUDENT.T_USER( userName, passWord, type) values ('李四
',12345, '学生')";

            try {
                st=conn.prepareStatement(sql);
            } catch (SQLException e)
            {
                e. PrintStackTrace();
            } finally
            {
                JDBCUtil.getInstance().close(null, st, conn);
            }
        }
    }
```

【例 10-2】 修改数据的语句如下所示。

```
    public void edit(学生  stu) {
        Connection conn = JDBCUtil.getInstance().getConnection();
        PreparedStatement st = null;
    String sql = "update STUDENT.学生  set xh=201302, stuName= '张三', sex= '男', csrq=1997-08-16,
jig='陕西', xih='1001' where id= 1";

        try {
            st=conn.prepareStatement(sql);
        } catch (SQLException e)
        {
            e. PrintStackTrace();
        } finally
        {
            JDBCUtil.getInstance().close(null, st, conn);
        }
    }
```

【例 10-3】 执行删除的语句如下所示。

```
    public void delete(Integer id) {
        Connection conn = JDBCUtil.getInstance().getConnection();
        PreparedStatement st = null;
        String sql = "delete STUDENT.学生  where id=4";

        try {
            st=conn.prepareStatement(sql);
```

```
        } catch (SQLException e)
        {
            e. PrintStackTrace();
        } finally {
            JDBCUtil.getInstance().close(null, st, conn);
        }
    }
```

> 📖 **补充知识：**
>
> 工程实践中，Java Web 开发中应用较广的一种访问方式是通过 ORM 来访问数据库。ORM 全称为“Object-Relational-Mapping”，即对象关系映射。为了解决面向对象和关系型数据库不匹配的问题，将数据库中对应的字段封装成熟悉的 Java 对象(以映射的方式)，以操作对象的方式操作数据库。ORM 有多种框架，常见的是 Hibernate。

10.3.2　编写 Java Web 程序

Java Web 项目结构主要分为 5 层：数据库实体层、数据库操作层、视图层、流程控制层及工具层。项目结构如图 10-28 所示。

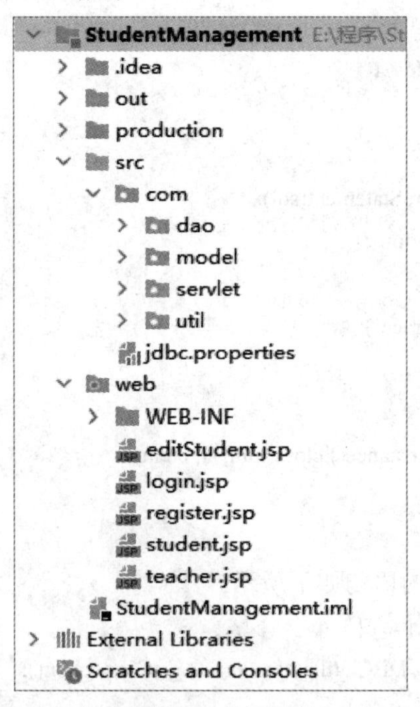

图 10-28　项目结构

图 10-28 中，model 层为数据库实体层；dao 层为具体数据库操作层；jsp 文件为视图层，部署于网络服务器上，可以响应客户端发送的请求，并根据请求内容动态地生成 HTML、XML 或其他格式文档的 Web 网页，然后返回给请求者；servlet 层为流程控制层，可以处

理客户端的请求、响应给浏览器；util 为工具层，主要用于存放公共工具(如 Java 数据库连接等)。

(1) 创建 model 类。

model 类又称为实体类，model 在各层之间起到了一个数据传输的桥梁作用，通常每个数据表对应一个 model 类，例如学生表对应学生类。本学生管理系统中的数据表对应的 model 类的结构如图 10-29 所示。

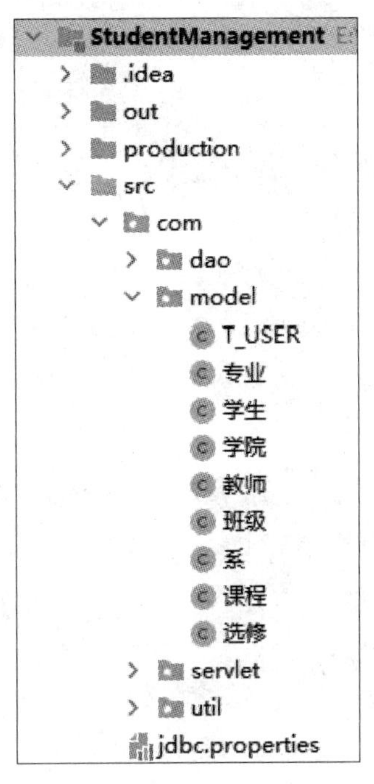

图 10-29　model 类中的结构

以学生类为例，学生表中包括 ID、学号、姓名、性别、出生日期、序号和籍贯等字段。在学生类中存在对应的 ID、xh、stuName、sex、csrq、xih 和 jig 等属性。学生类中有 get 和 set 方法，get 可以返回学生数据，set 方法可以传入数据，toString 方法可以返回字符串，字符串里有该学生实体的信息。

定义学生类的语句如下所示。

```
package com.model;

import java.util.Date;

public class 学生 {
    private Integer ID;         //主键 ID
    private String xh;          //学号
    private String stuName;     //姓名
    private String sex;         //性别
    private String csrq;        //出生日期
    private String xih;         //序号
```

```
    private String jig;         //籍贯

    public Integer getID () {
        return ID;
    }

    public void setID(Integer ID) {
        this.ID = ID;
    }

    public String getXh() {
        return xh;
    }

    public void setXh(String xh) {
        this.xh = xh;
    }

    public String getSex() {
        return sex;
    }

    public void setSex(String sex) {
        this.sex = sex;
    }

    public String getCsrq() {
        return csrq;
    }

    public void setCsrq(String csrq) {
        this.csrq = csrq;
    }

    public String getXih() {
        return xih;
    }

    public void setXih(String xih) {
```

```
        this.xih = xih;
    }

    public String getJig() {
        return jig;
    }

    public void setJig(String jig) {
        this.jig = jig;
    }

    public String getStuName() {
        return stuName;
    }

    public void setStuName(String stuName) {
        this.stuName = stuName;
    }

    public String toString() {
        return "学生{" +
                "ID=" + ID +
                ", xh='" + xh + '\'' +
                ", stuName='" + stuName + '\'' +
                ", sex='" + sex + '\'' +
                ", csrq='" + csrq + '\'' +
                ", xih='" + xih + '\'' +
                ", jig='" + jig + '\'' +
                '}';
    }
}
```

(2) 定义数据操作类 dao。

dao(全称为 Data Access Object)为数据访问类，用来实现比较底层、比较基础的操作，具体到对于某个表的增删改查。

以学生操作类为例，首先创建 IStudentDAO 接口，其中有对学生数据的增删改查，然后再创建 StudentDAOImpl 实现类，如图 10-30 所示。

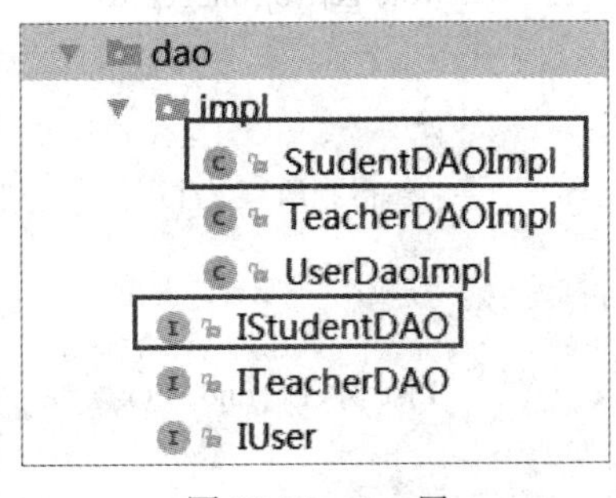

图 10-30　dao 层

① IStudentDAO 接口内容如下所示。

```
package com.dao;
import com.model.学生;

import java.util.List;

public Interface IStudentDAO {

    /*
     * 保存学生
     */

    void save(学生  stu);

    /*
     * 修改学生
     */

    void edit(学生  stu);

    /*
     * 根据 id 删除学生
     */

    void delete(Integer id);

    /*
     * 根据 id 得到一个学生
     */

    void getObj(Integer id);

    /*
     * 得到所有学生
     */

    List<学生> findAll();

}
```

② StudentDAOImpl 实现类代码内容如下所示。

```
package com.dao.impl;
/*
 * CREATED by MIAOQINGLIN.
 */
import com.dao.IStudentDAO;
import com.model.学生;
import com.util.JDBCUtil;
import java.sql.*;
import java.util.ArrayList;
import java.util.List;

public class StudentDAOImpl implements IStudentDAO {

    public void save(学生 stu) {
        Connection conn = JDBCUtil.getInstance().getConnection();
        PreparedStatement st = null;
        String sql = "INSERT INTO STUDENT.学生(xh,stuName,sex,csrq,jig,xih) VALUES
(?,?,?,?,?,?)";

        try {
            st=conn.prepareStatement(sql);
            st.setString(1,stu.getXh());
            st.setString(2,stu.getStuName());
            st.setString(3,stu.getSex());
            st.setString(4,    stu.getCsrq());
            st.setString(5,stu.getJig());
            st.setString(6,stu.getXih());
            st.executeUpdate();
        } catch (SQLException e)
        {
            e.PrintStackTrace();
        }
        finally {
            JDBCUtil.getInstance().close(null, st, conn);
        }
    }

    public void edit(学生 stu) {
```

```
        Connection conn = JDBCUtil.getInstance().getConnection();
        PreparedStatement st = null;
        String sql = "UPDATE STUDENT.学生 SET xh=?,stuName=?,sex=?,csrq=?,jig=?,xih=?
        WHERE id= ?";

        try {
            st=conn.prepareStatement(sql);
            st.setString(1,stu.getXh());
            st.setString(2,stu.getStuName());
            st.setString(3,stu.getSex());
            st.setString(4, stu.getCsrq());
            st.setString(5,stu.getJig());
            st.setString(6,stu.getXih());
            st.setInt (7,stu.getID());
            st.executeUpdate();
        } catch (SQLException e) {
            e.PrintStackTrace();
        }
        finally {
            JDBCUtil.getInstance().close(null, st, conn);
        }
    }


    public void delete(Integer id) {
        Connection conn = JDBCUtil.getInstance().getConnection();
        PreparedStatement st = null;
        String sql = "DELETE STUDENT.学生  WHERE id=?";

        try {
            st=conn.prepareStatement(sql);
            st.setInt(1,id);
            st.executeUpdate();
        }
        catch (SQLException e) {
            e.PrintStackTrace();
        }
        finally {
```

```
            JDBCUtil.getInstance().close(null, st, conn);
        }
    }


    public 学生 getObj(Integer id) {
        学生 stu = null;
        Connection conn = JDBCUtil.getInstance().getConnection();
        PreparedStatement st = null;
        ResultSET rs = null;
        try {
            st=conn.prepareStatement("SELECT * FROM STUDENT.学生  WHERE id=?");
            st.SetInt(1,id);
            rs=st.executeQuery();
            WHILE (rs.next()){
                stu=new 学生();
                stu.setID(rs.getInt("ID"));
                stu.setXh(rs.getString("xh"));
                stu.setStuName(rs.getString("stuName"));
                stu.setSex(rs.getString("sex"));
                stu.setCsrq(rs.getString("csrq"));
                stu.setJig(rs.getString("jig"));
                stu.setXih(rs.getString("xih"));
            }
        } catch (SQLException e) {
            e.PrintStackTrace();
        } finally {
            JDBCUtil.getInstance().close(null, st, conn);
        }

        return stu;
    }


    public List<学生> findAll() {
        List<学生> list = new ArrayList<>();
        Connection conn = JDBCUtil.getInstance().getConnection();
        PreparedStatement st = null;
```

```
            ResultSet rs = null;

            try {
                st=conn.prepareStatement("SELECT * FROM STUDENT.学生");
                rs=st.executeQuery();
                while (rs.next()){
                    学生  stu = new  学生();
                    stu.setID(rs.getInt("ID"));
                    stu.setXh(rs.getString("xh"));
                    stu.setStuName(rs.getString("stuName"));
                    stu.setSex(rs.getString("sex"));
                    stu.setCsrq(rs.getString("csrq"));
                    stu.setJig(rs.getString("jig"));
                    stu.setXih(rs.getString("xih"));
                    list.ADD(stu);
                }
            } catch (SQLException e) {
                e.PrintStackTrace();
            } finally {
                JDBCUtil.getInstance().close(null, st, conn);
            }

            return list;
        }

    }
```

(3) 创建 servlet 层。

servlet 的全称为 Java servlet，是用 Java 编写的服务器端程序。其主要功能是交互式地浏览和修改数据，并生成动态 Web 内容，servlet 是一种具有一定格式规范的特殊 Java 程序。

servlet 的工作模式如下所示。

① 客户端发送请求至服务器。

② 服务器启动并调用 servlet，servlet 根据客户端请求生成响应内容并将其传给服务器。

③ 服务器将响应返回客户端。

servlet 的格式规范如下所示。

① 必须继承 javax.servlet.http.HttpServlet。

② 重写其中的 doGet()和 doPost()方法。doGet()和 doPost()分别用于接收 GET、POST

提交方式的请求。

以 Student 为例，创建 StudentServlet 类，具体代码如下所示。

```
package com.servlet;

import com.dao.IStudentDAO;
import com.dao.impl.StudentDAOImpl;
import com.model.T_USER;
import com.model.学生;
import com.util.CommonUtil;
import javax.servlet.ServletException;
import javax.servlet.annotation.WebServlet;
import javax.servlet.http.HttpServlet;
import javax.servlet.http.HttpServletRequest;
import javax.servlet.http.HttpServletResponse;
import java.io.IOException;
import java.util.Date;
import java.util.List;

/*
 * CREATED by MIAOQINGLIN.
 */
@WebServlet("/student")
public class studentServlet extends HttpServlet {
    IStudentDAO dao = new StudentDAOImpl();

    public void service(HttpServletRequest request, HttpServletResponse response) throws
ServletException, IOException {
        request.setCharacterEncoding("UTF-8");
        response.setContentType("text/html;charset=UTF-8");
        String cmd = request.getParameter("cmd");
        if("edit".equals(cmd)){
            this.edit(request,response);
        }else if("delete".equals(cmd)) {
            this.delete(request, response);
        }else if("getObj".equals(cmd)){
            this.getObj(request,response);
        }else{
            this.findAll(request,response);
```

```
        }
    }

    public void edit(HttpServletRequest request, HttpServletResponse response) throws
ServletException, IOException {
        String idStr = request.getParameter("ID");
        //拿到数据
        学生 stu = CommonUtil.map2Bean(request, 学生.class);
        if(idStr==null || "".equals(idStr.trim())){
            dao.save(stu);
        }else{
            dao.edit(stu);
        }

        this.findAll(request,response);
    }

    public void delete(HttpServletRequest request, HttpServletResponse response) throws
ServletException, IOException {
        Integer id = Integer.parseInt(request.getParameter("ID"));
        dao.delete(id);
        this.findAll(request,response);
    }

    public void findAll(HttpServletRequest request, HttpServletResponse response) throws
ServletException, IOException {
        //查询所有的学生数据
        List<学生> list=dao.findAll();
        request.getSession().setattribute("stuList",list);
        request.getRequestDispatcher("/student.jsp").forward(request,response);;
    }

    public void getObj(HttpServletRequest request, HttpServletResponse response) throws
ServletException, IOException {
        //查询某个学生数据
        String id = request.getParameter("ID");
        学生 stu=dao.getObj(Integer.parseINT(id));
        request.getSession().SETAttribute("stu",stu);
```

```
            request.getRequestDispatcher("/editStudent.jsp").forward(request,response);;
        }
    }
```

servlet 的生命周期(开始到结束)一共有五个阶段，如下所示。

① 加载 servlet。

② 初始化 servlet：init()，该方法会在 servlet 中加载并实例化后执行。

③ 服务：servlet 调用 service()方法来处理客户端的请求。

④ 销毁 servlet：servlet 在销毁前调用 destroy()方法。

⑤ 最后，servlet 由 JVM 的垃圾回收器进行垃圾回收。

(4) 公共类 util 包。

Util 是 Java 的实体工具包，包含集合框架、遗留的 collections 类、事件模型、日期和时间设施、国际化和各种实用工具类(字符串标记生成器、随机数生成器和位数组、日期 Date 类、堆栈 Stack 类、向量 Vector 类等)、集合类、时间处理模式、日期时间工具等各类常用工具包。一个 Java Web 项目通常包括公共 Util 包(CommonUtil)和数据库连接 Util 包(JDBCUtil)，如下所示。

① CommonUtil 类，具体内容如下所示。

```
package com.util;

import org.apache.commons.beanutils.BeanUtils;
import javax.servlet.http.HttpServletRequest;
import java.util.Map;

public class CommonUtil {

    public static <T>T map2Bean(HttpServletRequest req, Class<T> clz){
        T obj = null;
        try {
            Map<String, String[]> parameterMap = req.getParameterMap();
            obj = clz.newInstance();
            BeanUtils.copyProperties(obj, parameterMap);
        } catch (Exception e) {
            e.PrintStackTrace();
        }
        return obj;
    }
}
```

② JDBCUtil 类，用来连接数据库，具体内容如下所示。

```
package com.util;

import java.io.IOException;
import java.io.InputStream;
import java.sql.*;
import java.util.Properties;

/*
 * 操作数据库的工具类
 */

public class JDBCUtil {
    //提供一些基本的配置
    private static String url = "";
    private static String username = "";
    private static String password = "";
    private static JDBCUtil instance;
    private JDBCUtil(){}
    static{
        instance = new JDBCUtil();
        InputStream is = null;
        try {
            is =
Thread.currentThread().getContextClassLoader().getResourceAsStream("jdbc.properties");
            Properties ps = new Properties();
            ps.load(is);
            url = ps.getProperty("jdbc.url");
            System.out.println("连接:"+url);
            username = ps.getProperty("jdbc.username");
            System.out.println("用户:"+username);
            password = ps.getProperty("jdbc.password");
            System.out.println("密码:"+password);
            Class.forName("dm.jdbc.driver.DmDriver");
        } catch (Exception e) {
            e.PrintStackTrace();
        }finally{
            try {
                is.close();
```

```
            } catch (IOException e) {
                e.PrintStackTrace();
            }
        }
    }

    /*
     * 提供一个方法，用于得到连接对象
     */
    public Connection getConnection(){
        try {
            return DriverManager.getConnection(url, username, password);
        } catch (SQLException e) {
            // TODO Auto-generated catch block
            e.PrintStackTrace();
        }

        return null;
    }

    /*
     * 提供一个静态方法返回 JDBCUtil 的对象
     */

    public static JDBCUtil getInstance(){
        return instance;
    }

    /*
     * 用于释放资源
     */

    public void close(ResultSET rs,Statement st,Connection conn){
        try {
            if(rs!=null)rs.close();
        } catch (SQLException e) {
            // TODO Auto-generated catch block
            e.PrintStackTrace();
```

```
        }finally{
            try {
                if(st!=null)st.close();
            } catch (SQLException e) {
                e.PrintStackTrace();
            }finally{
                try {
                    if(conn!=null)conn.close();
                } catch (SQLException e) {
                    // TODO Auto-generated catch block
                    e.PrintStackTrace();
                }
            }
        }
    }

}
```

(5) 配置 JDBC.properties，设置数据库连接配置，包括数据库名称、url、用户名和密码。具体内容如下所示。

```
jdbc.driverClassName=dm.jdbc.driver.DmDriver
jdbc.url=jdbc:dm://localhost:5236
jdbc.username=SYSDBA
jdbc.password=123456789
jdbc.minPoolSize=2
jdbc.maxPoolSize=5
jdbc.initialPoolSize=2
jdbc.maxIdleTime=7200
jdbc.acquireIncrement=5
jdbc.maxStatements=0
jdbc.maxStatementsPerConnection=100
jdbc.idleConnectionTestPeriod=60
jdbc.acquireRetryAttempts=1000
jdbc.acquireRetryDelay=10
jdbc.breakAfterAcquireFailure=false
jdbc.testConnectionOnCheckout=false
jdbc.testConnectionOnCheckin=false
jdbc.preferredTestQuery=SELECT 1 FROM DUAL
```

(6) 配置 Tomcat 10.0.7。打开 Run→Edit Configurations 界面，如图 10-31 所示。

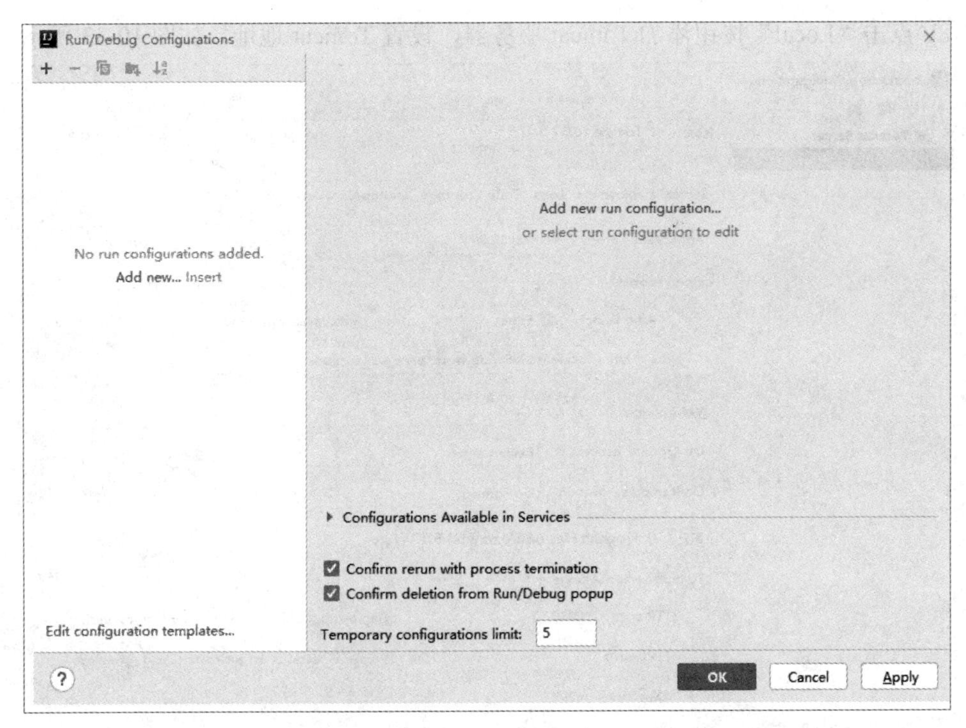

图 10-31　Edit Configurations 界面

(7) 点击左上角加号“Add New Configuration”按钮，找到“Tomcat Server”→“Local”，界面如图 10-32 所示。

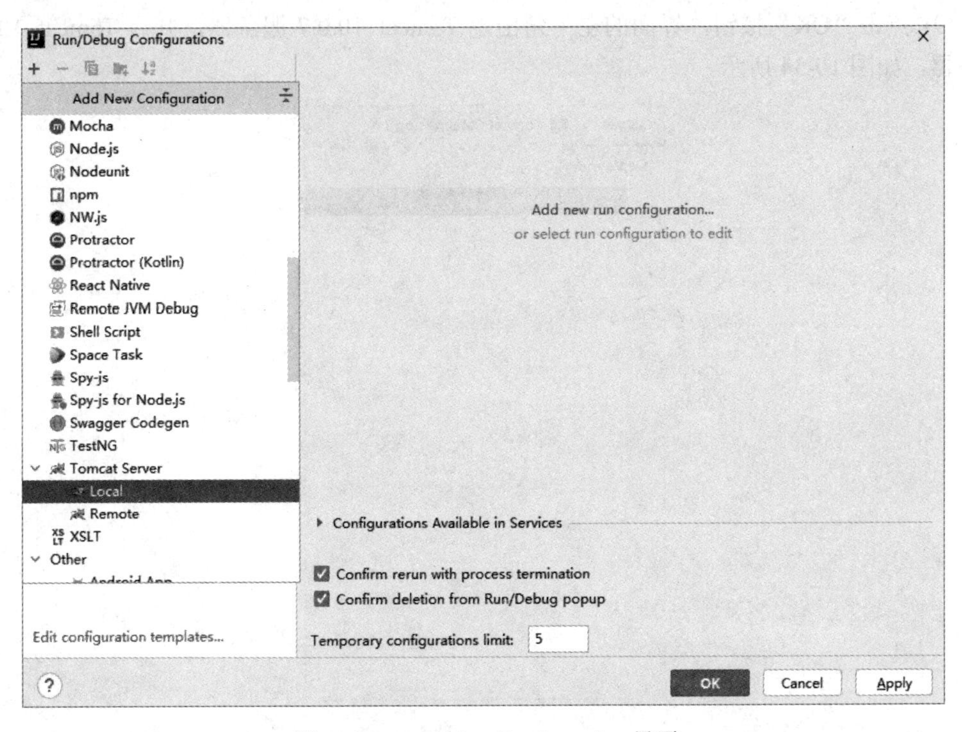

图 10-32　Add New Configuration 界面

(8) 点击“Local”按钮添加 Tomcat 服务器，设置 Tomcat 地址，如图 10-33 所示。

图 10-33　添加 Tomcat 服务器

(9) 点击“OK”按钮，界面的左下角出现 Tomcat 10.0.7 服务器，开启 Tomcat 10.0.7 服务器，如图 10-34 所示。

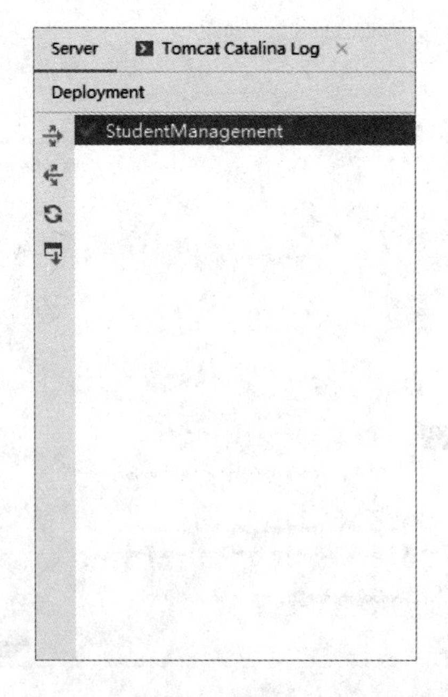

图 10-34　将项目部署到 Tomcat 服务器

📖 补充知识：

10.3.1 节的示例中，DML 语句是固定的。本节中根据方法输入参数的值动态拼接形成 DML 语句，这种迭代开发为程序测试等提供了便利。

10.3.3 编写前端页面

Web 前端开发技术主要包括 JavaScript、CSS(Cascading Style Sheets，层叠样式表)、HTML (Hyper Text Markup Language，超文本标记语言)和 XML(eXtensible Markup Language，可拓展语言)等，主要用来处理服务器通信以及部分服务器脚本开发的工作，比如发布、测试 JSP 和 PHP 页面脚本。Web 前端处于设计与后台的中间领域，起到承上启下的作用。在 Java Web 项目中，前端开发技术主要用到 XML 和 JSP(Java Server Pages，Java 服务器页面)技术，使用方法介绍如下。

(1) Web 文件夹中必须有 WEB-INF 文件夹，在该目录下创建 web.xml 文件，配置项目 bean。具体内容如下所示。

```
<?xml version="1.0" encoding="UTF-8"?>
<web-app xmlns="http://xmlns.jcp.org/xml/ns/javaee"
         xmlns:xsi="http://www.w3.org/2001/XMLSchema-instance"
         xsi:schemaLocation="http://xmlns.jcp.org/xml/ns/javaee
http://xmlns.jcp.org/xml/ns/javaee/web-app_3_1.xsd"
         version="3.1">
</web-app>
```

(2) jsp 页面主要用来向用户展示业务处理的结果，例如 Student.jsp 页面的具体内容如下所示。

```
<%@ page language="java" contentType="text/html; charset=UTF-8" pageEncoding="UTF-8" %>
<%@ taglib prefix="c" uri="http://java.sun.com/jsp/jstl/core" %>
<!DOCTYPE html>
<html>
<head>
  <meta http-equiv="Content-Type" content="text/html; charset=UTF-8">
  <title></title>
</head>
<body>
<span >亲爱的<label style="color: orange;font-size: larger ">【${loginUser}】</label>同学,欢迎
您!<br/><br/></span>
<span style="color: darkgreen;border-bottom-style: dotted"> ---你们班同学信息展示如下
```

```
----<br/><br/></span>
    <table border="1"    style="border: solid;background: gainsboro">
      <tr>
        <th>学号</th>
        <th>姓名</th>
        <th>性别</th>
        <th>出生日期</th>
        <th>籍贯</th>
        <th>系号</th>
        <th>操作列</th>
      </tr>
      <c:forEach items="${stuList}" var="stu">
        <tr>
          <td HIDDEN>${stu.ID}</td>
          <td>${stu.xh}</td>
          <td>${stu.stuName}</td>
          <td>${stu.sex}</td>
          <td>${stu.csrq}</td>
          <td>${stu.jig}</td>
          <td>${stu.xih}</td>
          <%--<a href="login.jsp">--%>
          <%-- <td><a href="editStudent.jsp">新增 | </a>--%>
            <a href="/student/student?cmd=delete&ID=${stu.ID}">删除 |</a>
              <a href="/student/student?cmd=getObj&ID=${stu.ID}">修改</a></td>
        </tr>
      </c:forEach>
    </table>
    </body>
    </html>
```

(3) 根据上述步骤再逐步完成其他实体类、DAO 类、Servlet、Controller 类及方法，最终实现注册、登录、查询功能。

10.3.4 程序运行与访问

程序运行的具体操作步骤如下所示。

(1) 点击“Application Servers”工具窗体中左上角的绿色三角形箭头，服务器开始启动，界面如图 10-35 所示。

```
23-Oct-2021 22:48:47.726 信息 [main] org.apache.catalina.startup.VersionLoggerListener.log 命令行参数:        -Dcom.sun.management.jmxremote=
23-Oct-2021 22:48:47.726 信息 [main] org.apache.catalina.startup.VersionLoggerListener.log 命令行参数:        -Dcom.sun.management.jmxremote.port=1099
23-Oct-2021 22:48:47.726 信息 [main] org.apache.catalina.startup.VersionLoggerListener.log 命令行参数:        -Dcom.sun.management.jmxremote.ssl=false
23-Oct-2021 22:48:47.726 信息 [main] org.apache.catalina.startup.VersionLoggerListener.log 命令行参数:        -Dcom.sun.management.jmxremote.password.file=C:\Users\80554\
23-Oct-2021 22:48:47.726 信息 [main] org.apache.catalina.startup.VersionLoggerListener.log 命令行参数:        -Dcom.sun.management.jmxremote.access.file=C:\Users\80554\Ap
23-Oct-2021 22:48:47.726 信息 [main] org.apache.catalina.startup.VersionLoggerListener.log 命令行参数:        -Djava.rmi.server.hostname=127.0.0.1
23-Oct-2021 22:48:47.726 信息 [main] org.apache.catalina.startup.VersionLoggerListener.log 命令行参数:        -Djdk.tls.ephemeralDHKeySize=2048
23-Oct-2021 22:48:47.726 信息 [main] org.apache.catalina.startup.VersionLoggerListener.log 命令行参数:        -Djava.protocol.handler.pkgs=org.apache.catalina.webresource
23-Oct-2021 22:48:47.726 信息 [main] org.apache.catalina.startup.VersionLoggerListener.log 命令行参数:        -Dignore.endorsed.dirs=
23-Oct-2021 22:48:47.726 信息 [main] org.apache.catalina.startup.VersionLoggerListener.log 命令行参数:        -Dcatalina.base=C:\Users\80554\AppData\Local\JetBrains\Intel
23-Oct-2021 22:48:47.726 信息 [main] org.apache.catalina.startup.VersionLoggerListener.log 命令行参数:        -Dcatalina.home=D:\Tomcat
23-Oct-2021 22:48:47.727 信息 [main] org.apache.catalina.startup.VersionLoggerListener.log 命令行参数:        -Djava.io.tmpdir=D:\Tomcat\temp
23-Oct-2021 22:48:47.740 信息 [main] org.apache.catalina.core.AprLifecycleListener.lifecycleEvent 在java.library.path:[C:\Program Files (x86)\Java\jdk1.8.0_144\jre\bin;
23-Oct-2021 22:48:47.889 信息 [main] org.apache.coyote.AbstractProtocol.init 初始化协议处理器 ["http-nio-8080"]
23-Oct-2021 22:48:47.899 信息 [main] org.apache.catalina.startup.Catalina.load 服务器在[290]毫秒内初始化
23-Oct-2021 22:48:47.917 信息 [main] org.apache.catalina.core.StandardService.startInternal 正在启动服务[Catalina]
23-Oct-2021 22:48:47.917 信息 [main] org.apache.catalina.core.StandardEngine.startInternal 正在启动 Servlet 引擎: [Apache Tomcat/10.0.7]
23-Oct-2021 22:48:47.926 信息 [main] org.apache.coyote.AbstractProtocol.start 开始协议处理句柄["http-nio-8080"]
23-Oct-2021 22:48:47.937 信息 [main] org.apache.catalina.startup.Catalina.start [37]毫秒后服务器启动
Connected to server
[2021-10-23 10:48:48,351] Artifact StudentManagement: Artifact is being deployed, please wait...
[2021-10-23 10:48:48,385] Artifact StudentManagement: Error during artifact deployment. See server log for details.
[2021-10-23 10:48:48,386] Artifact StudentManagement: com.intellij.javaee.oss.admin.jmx.JmxAdminException: com.intellij.execution.ExecutionException: E:\程序\StudentMan
23-Oct-2021 22:48:57.939 信息 [Catalina-utility-2] org.apache.catalina.startup.HostConfig.deployDirectory 把web 应用程序部署到目录 [D:\Tomcat\webapps\manager]
23-Oct-2021 22:48:58.126 信息 [Catalina-utility-2] org.apache.catalina.startup.HostConfig.deployDirectory Web应用程序目录[D:\Tomcat\webapps\manager]的部署已在[187]毫秒内完成
```

图 10-35　服务器开启

(2) 在浏览器中输入“localhost:8080/StudentManagement/login.jsp”并回车，进入程序登录界面，如图 10-36 所示。

localhost:8080/StudentManagement/login.jsp
姓名:
密码:
登录 注册

图 10-36　程序登录界面

(3) 在登录界面中点击“注册”按钮，可以进入注册界面，如图 10-37 所示。

图 10-37　注册界面

(4) 进行实际操作前，用户数据表一共有 13 条记录，如图 10-38 所示。

USERID INTEGER	USERNAME VARCHAR2(50)	PASSWORD VARCHAR2(50)	TYPE VARCHAR2(50)
1	王子嘉	123456	学生
2	张秋月	787861	学生
3	郭明行	970917	学生
4	宋智乾	227700	教师
5	李嘉怡	788778	学生
6	李瑞达	861861	学生
7	张天昊	161105	学生
8	孙宝旭	543210	教师
9	郭姿彤	741025	教师
10	苗月珍	996256	教师
11	霍优优	789456	教师
12	张德俊	123456	学生
13	吴邪	789654	教师

图 10-38　注册之前的用户数据表

(5) 输入姓名、密码以及用户类型后，点击“注册”按钮就可以往数据库中添加用户信息。在注册界面输入姓名“张天河”、密码“123456”、用户类型“学生”，点击“注册”按钮，用户数据表会插入该数据。注册之后的用户数据表一共有 14 条记录，如图 10-39 所示。

USERID INTEGER	USERNAME VARCHAR2(50)	PASSWORD VARCHAR2(50)	TYPE VARCHAR2(50)
1	王子嘉	123456	学生
2	张秋月	787861	学生
3	郭明行	970917	学生
4	宋智乾	227700	教师
5	李嘉怡	788778	学生
6	李瑞达	861861	学生
7	张天昊	161105	学生
8	孙宝旭	543210	教师
9	郭姿彤	741025	教师
10	苗月珍	996256	教师
11	霍优优	789456	教师
12	张德俊	123456	学生
13	吴邪	789654	教师
14	张天河	123456	学生

图 10-39　注册之后的用户数据表

其他需要实现和测试的功能如下：

在学生信息界面中，系统会查询所有学生信息，并且显示班级所有学生信息；在学生信息后面有删除和修改按钮，点击“删除”按钮，在数据库中会删除该学生信息，并在界面刷新后不再显示该学生信息；点击“修改”按钮，可以修改该学生的学号、姓名、性别、出生日期、籍贯和系号，在数据库中会修改该学生信息，并在界面刷新后显示修改后的该学生信息。

10.3.5　后续改进空间

Java Web 开发涉及的内容很多，如 JavaScript、CSS 等相关知识，以及 Java 程序开发和面向对象程序设计方法，出于定位的考虑及篇幅限制，本书并未详细介绍这些内容。要开发出更好的 Java Web 程序，读者需要学习上述内容，此外还需学习 Servlet、过滤器(Filter)、监听器(Listener)等内容，以及 Spring、Struts、Hibernate 等框架。

在示例应用程序改进方面，后续还需要完善身份验证、权限控制，进行界面美化、用户交互改进，并加强软件测试。

思　考　题

1. 请简述 JDBC 的作用。

2. 请说明使用 Java Web 技术开发数据库应用程序的优势。
3. 请简述 servlet 的概念。
4. 请简述 servlet 的生命周期。
5. 请简述 MVC 模式。

附录1　实例数据库结构与示例数据

本书中使用的数据库模式、数据表结构和示例数据如下所示。

F1.1　数据库模式和表结构

本书中所使用到的数据库模式、学生表、课程表、选修表和系表的结构和创建语句如下所示。

1. 创建模式

```
--删除模式
DROP SCHEMA "STUDENT";
--创建模式
CREATE SCHEMA "STUDENT" AUTHORIZATION "SYSDBA";
```

2. 创建表

```
--创建学生表
CREATE TABLE "STUDENT"."学生"
(
    "学号" INT NOT NULL,
    "姓名" VARCHAR(15) NOT NULL,
    "性别" VARCHAR(3),
    "出生日期" DATETIME(6),
    "籍贯" VARCHAR(36),
    "系号" INT,
    CLUSTER PRIMARY KEY("学号"),
    UNIQUE("学号")
) STORAGE (ON "MAIN", CLUSTERBTR);

--创建课程表
CREATE TABLE "STUDENT"."课程"
(
    "课程号" INT NOT NULL,
    "课程名" VARCHAR(60),
    "学分" INT,
    CLUSTER PRIMARY KEY("课程号"),
    UNIQUE("课程号")
) STORAGE (ON "MAIN", CLUSTERBTR);
```

```
--创建选修表
CREATE TABLE "STUDENT"."选修"
(
    "学号" INT NOT NULL,
    "课程号" INT NOT NULL,
    "成绩" INT,
    "备注" VARCHAR(200),
    FOREIGN KEY("学号") REFERENCES "STUDENT"."学生"("学号"),
    FOREIGN KEY("课程号") REFERENCES "STUDENT"."课程"("课程号")
) STORAGE (ON "MAIN", CLUSTERBTR);

--创建系表
CREATE TABLE "STUDENT"."系"
(
    "系号" INT ,
    "系名" VARCHAR(96),
    "备注" VARCHAR(300),
    CLUSTER PRIMARY KEY("系号"),
    UNIQUE("系号")
) STORAGE (ON "MAIN", CLUSTERBTR);
```

F1.2　表数据

本书中所使用到的学生表、课程表、选修表和系表的示例数据如下所示。

1. 学生表

学生表中的属性为学号、姓名、性别、出生日期、籍贯和系号，其中学号为主键。示例数据如表 F1-1 所示。

表 F1-1　学生表的示例数据

学号	姓名	性别	出生日期	籍贯	系号
2013001	李芳	女	1996/1/5	湖南	6001
2013002	张强	男	1994/11/8	陕西	6002
2013003	赵东方	男	1993/3/19	河南	6003
2013004	王启	男	1997/8/11	山西	6001
2013005	李平	男	1995/4/12	陕西	6001
2013006	孙阳刚	男	1996/1/5	新疆	6004

2. 课程表

课程表中的属性为课程号、课程名和学分，其中课程号为主键。示例数据如表 F1-2 所示。

表 F1-2　课程表的示例数据

课程号	课程名	学分
1001	数学	3
1002	英语	4
1003	物理	2
1004	管理学	2

3. 选修表

选修表中的属性为学号、课程号、成绩和备注，其中学号和课程号为主键。示例数据如表 F1-3 所示。

表 F1-3　选修表的示例数据

学号	课程号	成绩	备注
2013001	1001	75	
2013001	1002	66	
2013001	1003		
2013002	1001	86	
2013004	1002	70	
2013002	1003	56	
2013003	1001	92	
2013003	1002	95	
2013003	1003		
2013001	1004	78	
2013004	1004	84	

4. 系表

系表中的属性为系号、系名和备注，其中系号为主键。示例数据如表 F1-4 所示。

表 F1-4　系表的示例数据

系号	系名	备注
6001	计算机系	
6002	光电系	
6003	微固系	
6004	通信系	

附录 2　DM8 常用数据字典与视图

DM8 数据库中常用的数据字典、动态性能视图、系统信息相关性能视图、进程和线程相关性能视图、数据库信息性能视图、数据库配置参数相关性能视图、会话信息相关性能视图如下所示。

F2.1　常用数据字典

数据字典是指对数据的数据项、数据结构、数据流、数据存储、处理逻辑等进行定义和描述，其目的是对数据流程图中的各个元素做出详细的说明，使用数据字典为简单的建模项目。简而言之，数据字典是描述数据的信息集合，是对系统中使用的所有数据元素定义的集合。数据字典是提供数据库管理元数据的只读表。DM8 常用数据字典包括 SYSOBJECTS、SYSINDEXES 等共 33 种，具体内容见表 F2-1。

表 F2-1　常用数据字典

序号	数据字典名称	数据字典内容
1	SYSOBJECTS	通过本视图可以显示系统中所有对象的信息
2	SYSINDEXES	通过本视图可以显示系统中所有索引定义信息
3	SYSCOLUMNS	通过本视图可以显示系统中所有列定义的信息
4	SYSCONS	通过本视图可以显示系统中所有约束的信息
5	SYSSTATS	通过本视图可以显示系统中的统计信息
6	SYSDUAL	为不带表名的查询而设，用户一般不需查看
7	SYSTEXTS	通过本视图可以显示存放字典对象的文本信息
8	SYSGRANTS	通过本视图可以显示系统中权限信息
9	SYSAUDIT	通过本视图可以显示系统中的审计设置
10	SYSAUDITRULES	通过本视图可以显示系统中审计规则的信息
11	SYSHPARTTABLEINFO	通过本视图可以显示系统中分区表的信息
12	SYSMACPLYS	通过本视图可以显示策略定义
13	SYSMACLVLS	通过本视图可以显示策略的等级
14	SYSMACCOMPS	通过本视图可以显示策略的范围
15	SYSMACGRPS	通过本视图可以显示策略所在组的信息
16	SYSMACLABELS	通过本视图可以显示策略的标记信息
17	SYSMACTABPLY	通过本视图可以显示表策略信息
18	SYSMACUSRPLY	通过本视图可以显示用户的策略信息
19	SYSMACOBJ	通过本视图可以显示扩展客体标记信息
20	SYSCOLCYT	通过本视图可以显示列的加密信息

续表

序号	数据字典名称	数据字典内容
21	SYSACCHISTORIES	通过本视图可以显示登录失败的历史信息
22	SYSPWDCHGS	通过本视图可以显示密码的修改信息
23	SYSCONTEXTINDEXES	通过本视图可以显示全文索引的信息
24	SYSTABLECOMMENTS	通过本视图可以显示表或视图的注释信息
25	SYSCOLUMNCOMMENTS	通过本视图可以显示列的注释信息
26	SYSUSERS	通过本视图可以显示系统中用户信息
27	SYSOBJINFOS	通过本视图可以显示对象的依赖信息
28	SYSRESOURCES	通过本视图可以显示用户使用系统资源的限制信息
29	SYSCOLINFOS	通过本视图可以显示列的附加信息，例如是否虚拟列
30	SYSUSERINI	通过本视图可以显示定制的 ini 参数
31	SYSDEPENDENCIES	通过本视图可以显示对象间的依赖关系
32	SYSINJECTHINT	通过本视图可以显示已指定的 SQL 语句和对应的 HINT
33	SYSMSTATS	通过本视图可以显示多维统计信息的内容

F2.2　常用动态性能视图

动态性能视图也属于数据字典的一部分，但其提供用来了解数据库运行状况的信息。这些信息主要用来维护数据库、优化数据库性能，通常包括系统信息相关性能视图、进程和线程相关性能视图、数据库信息性能视图、数据库配置参数相关性能视图和会话信息相关性能视图，具体内容如下所示。

1.　系统信息相关性能视图

系统信息相关性能视图包括 V$SYSTEMINFO、V$CMD_HISTORY 和 V$RUNTIME_ERR_HISTORY，各自的内容如表 F2-2 所示。

表 F2-2　系统信息相关性能视图表

序号	性能视图名称	性能视图内容
1	V$SYSTEMINFO	通过本视图可以显示系统信息视图
2	V$CMD_HISTORY	通过本视图可以观察系统的一些命令的历史信息。其中 cmd 指的是 SESS_ALLOC，SESS_FREE，CKPT，TIMER_ TRIG，SERERR_TRIG，LOG_REP，MAL_LETTER，CMD_LOGIN 等
3	V$RUNTIME_ERR_HISTORY	通过本视图可以监控运行时错误历史。异常分为三种：一种是系统异常，用户没有捕获，由 vm_raise_runtime_error 产生；第二种是用户异常，用户捕获错误，并抛出自定义异常，由 nthrow_exec 产生；第三种是语法异常，语法未通过，由 nsvr_build_npar_cop_out 产生

2. 进程和线程相关性能视图

进程和线程相关性能视图包括 V$PROCESS、V$LATCHES 和 V$WTHRD_HISTORY，各自的内容如表 F2-3 所示。

表 F2-3　进程和线程相关性能视图表

序号	性能视图名称	性能视图内容
1	V$PROCESS	通过本视图可以显示当前进程信息
2	V$LATCHES	通过本视图可以显示正在等待的线程信息
3	V$WTHRD_HISTORY	通过本视图可以观察系统从启动以来，所有活动过线程的相关历史信息。其中 CHG_TYPE 有 REUSE_OK(本 SESSION 重用成功)、REUSE_FAIL(重用失败)、TO_IDLE(不重用，直接变 IDLE)等几种类型

3. 数据库信息性能视图

数据库信息性能视图包括 V$LICENSE、V$VERSION、V$DATAFILE 等共 22 种，各自的内容如表 F2-4 所示。

表 F2-4　数据库信息相关性能视图表

序号	性能视图名称	性能视图内容
1	V$LICENSE	通过本视图可以显示 LICENSE 信息，用来查询当前系统的 LICENSE 信息
2	V$VERSION	通过本视图可以显示版本信息，包括服务器版本号与 DB 版本号
3	V$DATAFILE	通过本视图可以显示数据文件信息
4	V$DATABASE	通过本视图可以显示数据库信息
5	V$IID	通过本视图可以显示下一个创建的数据库对象的 ID。该视图提供用户可以查询下一个创建对象的 ID 的值，可以方便用户查询预知自己所要建立对象的信息
6	V$INSTANCE	通过本视图可以显示数据库中的实例信息
7	V$RESERVED_WORDS	通过本视图可以保留字统计表，记录保留字的分类信息。RES_FIXED = N 的关键字，通过 ini 参数 EXCLUDE_RESERVED_WORDS 设置之后会失效，此视图不会再记录
8	V$ERR_INFO	通过本视图可以显示系统中的错误码信息
9	V$HINT_INI_INFO	通过本视图可以显示支持的 HINT 参数信息。数据库对象包括：表空间、序列、包、索引和函数等
10	V$TABLESPACE	通过本视图可以显示表空间信息，不包括回滚表空间信息
11	V$HUGE_TABLESPACE	通过本视图可以显示 HUGE 表空间信息
12	V$HUGE_TABLESPACE_PATH	通过本视图可以显示 HUGE 表空间路径信息
13	V$SEQCACHE	通过本视图可以显示当前系统中缓存的序列的信息
14	V$PKGPROCS	通过本视图可以显示包中的方法信息

续表

序号	性能视图名称	性能视图内容
15	V$PKGPROCPARAMS	通过本视图可以显示包中方法的参数信息
16	V$DB_CACHE	通过本视图可以显示数据字典缓存表，用于记录数据字典的实时信息
17	V$DB_OBJECT_CACHE	通过本视图可以显示数据字典对象缓存表，用于记录数据字典中每个对象的信息
18	V$OBJECT_USAGE	通过本视图可以显示记录索引监控信息
19	V$IFUN	通过本视图可以显示数据库提供的所有函数
20	V$IFUN_ARG	通过本视图可以显示数据库提供的所有函数的参数
21	V$SYSSTAT	通过本视图可以显示系统统计信息
22	V$JOBS_RUNNING	通过本视图可以显示系统中正在执行的作业信息

4. 数据库配置参数相关性能视图

数据库信息性能视图包括 V$PARAMETER、V$DM_INI、V$DM_ARCH_INI 等共 14 种，各自的内容如表 F2-5 所示。

表 F2-5　数据库配置参数相关性能视图表

序号	性能视图名称	性能视图内容
1	V$PARAMETER	通过本视图可以显示 ini 参数和 dminit 建库参数的类型及参数值信息(当前会话值、系统值及 dm.ini 文件中的值)
2	V$DM_INI	通过本视图可以显示所有 ini 参数和 dminit 建库参数信息
3	V$DM_ARCH_INI	通过本视图可以显示归档参数信息
4	V$DM_MAL_INI	通过本视图可以显示 MAL 参数信息
5	V$DM_REP_RPS_INST_NAME_INI	通过本视图可以显示数据复制服务器参数信息
6	V$DM_REP_MASTER_INFO_INI	通过本视图可以显示数据复制主库参数信息
7	V$DM_REP_SLAVE_INFO_INI	通过本视图可以显示数据复制从机参数信息
8	V$DM_REP_SLAVE_TAB_MAP_INI	通过本视图可以显示数据复制从机表对应关系参数信息
9	V$DM_REP_SLAVE_SRC_COL_INFO_INI	通过本视图可以显示数据复制从机列对应关系参数信息
10	V$DM_LLOG_INFO_INI	通过本视图可以显示逻辑日志信息参数信息
11	V$DM_LLOG_TAB_MAP_INI	通过本视图可以显示逻辑日志与表对应的参数信息
12	V$DM_TIMER_INI	通过本视图可以显示定时器参数信息
13	V$OBSOLETE_PARAMETER	通过本视图可以显示已作废的 ini 信息
14	V$OPTION	通过本视图可以显示安装数据库时的参数设置

5. 会话信息相关性能视图

数据库信息性能视图包括 V$CONNECT、V$SESSIONS、V$SESSION_SYS 等共 27 种，各自的内容如表 F2-6 所示。

表 F2-6　会话信息相关性能视图表

序号	性能视图名称	性能视图内容
1	V$CONNECT	通过本视图可以显示活动连接的所有信息
2	V$SESSIONS	通过本视图可以显示会话的具体信息，如执行的 SQL 语句、主库名、当前会话状态、用户名等等
3	V$SESSION_SYS	通过本视图可以显示系统中会话的一些状态统计信息
4	V$OPEN_STMT	通过本视图可以显示连接语句句柄表，用于记录 SESSION 上语句句柄的信息
5	V$SESSION_HISTORY	通过本视图可以显示会话历史的记录信息，如主库名、用户名等，与 V$SESSIONS 的区别在于会话历史记录只记录了会话一部分信息，对于一些动态改变的信息没有记录，如执行的 SQL 语句等
6	V$CONTEXT	通过本视图可以显示当前会话所有上下文的名字空间、属性和值
7	V$SESSION_STAT	通过本视图可以显示记录中每个 SESSION 上的相关统计信息
8	V$NLS_PARAMETERS	通过本视图可以显示当前会话的日期时间格式和日期时间语言
9	V$SQL_HISTORY	当 ini 参数 ENABLE_MONITOR = 1 时，显示执行 SQL 的历史记录信息；可以方便用户经常使用的记录进行保存
10	V$SQL_NODE_HISTORY	通过该视图既可以查询 SQL 执行节点信息，包括 SQL 节点的类型、进入次数和使用时间等等；又可以查询所有执行的 SQL 节点执行情况，如哪些使用最频繁、耗时多少等。当 INI 参数 ENABLE_MONITOR 和 MONITOR_SQL_EXEC 都开启时，才会记录 SQL 执行节点信息。如果需要时间统计信息，还需要打开 MONITOR_TIME
11	V$SQL_NODE_NAME	通过本视图可以显示所有的 SQL 节点描述信息，包括 SQL 节点类型、名字和详细描述
12	V$COSTPARA	显示 SQL 计划的代价信息
13	V$LONG_EXEC_SQLS	当 ini 参数 ENABLE_MONITOR=1、MONITOR_TIME =1 时，显示系统最近 1000 条执行时间超过预定值的 SQL 语句。默认预定值为 1000 毫秒。可通过 SP_SET_LONG_TIME 系统函数修改，通过 SF_GET_LONG_TIME 系统函数查看当前值

续表

序号	性能视图名称	性能视图内容
14	V$SYSTEM_LONG_EXEC_SQLS	当 ini 参数 ENABLE_MONITOR=1、MONITOR_TIME=1 时，显示系统自启动以来执行时间最长的 20 条 SQL 语句，不包括执行时间低于预定值的语句
15	V$VMS	显示虚拟机信息
16	V$STKFRM	通过本视图可以显示虚拟机栈的帧信息。该参数必须在 ini 参数 ENABLE_MONITOR 和 MONITOR_SQL_EXEC 都开启时才有信息
17	V$STMTS	通过本视图可以显示当前活动会话的最近的语句的相关信息
18	V$SQL_PLAN_NODE	当 ini 参数 ENABLE_MONITOR 和 MONITOR_SQL_EXEC 都开启时，显示执行计划的节点信息
19	V$SQL_SUBPLAN	通过本视图可以显示子计划信息
20	V$SQL_PLAN_DCTREF	通过本视图可以显示所有执行计划相关的详细字典对象信息
21	V$MTAB_USED_HISTORY	通过本视图可以显示系统自启动以来使用 MTAB 空间最多的 50 个操作符信息
22	V$SORT_HISTORY	当 ini 参数 ENABLE_MONITOR=1 都打开时，显示系统自启动以来使用排序页数最多的 50 个操作符信息
23	V$HASH_MERGE_USED_HISTORY	通过本视图可以显示 HASH MERGE 连接操作符使用的缓存信息
24	V$PLSQL_DDL_HISTORY	通过本视图可以显示 DMSQL 程序中执行的 DDL 语句，主要监控 truncate table 和 Execute immediate DDL 语句的情况
25	V$PRE_RETURN_HISTORY	通过本视图可以显示大量数据返回结果集的历史信息(查询大量数据产生)
26	V$DMSQL_EXEC_TIME	通过本视图可以显示动态监控的 SQL 语句执行时间。当 ENABLE_MONITOR_DMSQL = 1 时才会记录监控的 SQL 语句
27	V$VIRTUAL_MACHINE	通过本视图可以显示活动的虚拟机信息

此外，还有资源管理信息、段簇页、日志管理、事务与检查点、事件信息等相关的性能视图，具体内容请参考达梦数据库帮助文档。

参 考 文 献

[1] 王珊，萨师煊. 数据库系统概论. 5版. 北京：高等教育出版社, 2014.

[2] 数据存储历史回顾. http://www.is.cas.cn/kxcb2016/kpwz_128238/201609/t20160923_4668201.html.

[3] 一部看得懂的信息存储进史. http://www.360doc.com/content/19/0722/08/36367108_850267452.html.

[4] 存储媒介近300年发展汇总. http://www.museum.uestc.edu.cn/info/1184/2328.html.

[5] 数据库的发展简史. https://zhidao.baidu.com/question/1789523398275129 24.html?fr=iks&word=%CA%FD%BE%DD%BF%E2%B5%C4%B7%A2%D5%B9%BC%F2%CA%B7&ie=gbk.

[6] 数据库简史(精简版). https://www.cnblogs.com/cenliang/p/9916803.html.

[7] IBM Information Management System(IMS). https://www.ibm.com/it-infrastructure/z/ims.

[8] 数据库. https://baike.baidu.com/item/数据库/103728?fr=alADDin.

[9] 内存数据库. https://baike.baidu.com/item/内存数据库/8539890?fr=alADDin.

[10] 数据库管理系统. https://baike.baidu.com/item/数据库管理系统/1239101?fr=alADDin.

[11] 数据库. https://baike.baidu.com/item/数据库/103728?fr=alADDin#reference-[1]-1089-wrap.

[12] 数据库系统. https://baike.baidu.com/item/数据库系统/215176?fr=alADDin.

[13] 冯斯基. 一文读懂数据库70年发展史. http://blog.itpub.net/31556440/viewspace-2651377/.

[14] 数据库的发展史. https://blog.csdn.net/qq_41397900/article/details/78849308.

[15] 数据库种类发展史和大数据下的数据库(NoSQL). https://blog.csdn.net/CYLYBYXH/article/details/81029297.

[16] NewSQL. https://baike.baidu.com/item/NewSQL/9529614?fr=alADDin.

[17] 达梦数据库. http://www.dameng.com/.

[18] 达梦数据库. https://baike.baidu.com/item/达梦数据库/10260876?fr=alADDin.

[19] 达梦公司. DM8安装手册.

[20] 达梦公司. DM8_SQL系统管理员手册.

[21] 达梦公司. DM8_SQL程序员手册.

[22] 达梦公司. DM8_SQL语言使用手册. 北京：电子工业出版社, 2016.

[23] Java Web开发环境配置详解. https://www.jb51.net/article/96891.htm.

[24] IntelliJ IDEA安装操作步骤. https://blog.csdn.net/weixin_43184774/article/details/100578786.

[25] DM数据库的数据字典和动态视图简要概述. https://blog.csdn.net/weixin_37737228/

article/details/121467659.
[26] 李辉，张守帅. 数据库系统原理及应用：基于达梦 8. 北京：机械工业出版社，2021.
[27] 朱明东，张胜. 达梦数据库应用基础. 北京：国防工业出版社, 2019.
[28] 吴照林. 达梦数据库 SQL 指南. 北京：电子工业出版社，2016.